全国中等职业学校电工类专业通用
全国技工院校电工类专业通用（中级技能层级）

# 电机与变压器（第六版）习题册

冷静燕　主编

中国劳动社会保障出版社

## 简介

本习题册为全国中等职业学校电工类专业通用教材 / 全国技工院校电工类专业通用教材（中级技能层级）《电机与变压器（第六版）》的配套用书。习题册按照教材章节顺序编排，内容紧扣教学要求，知识点分布均衡，注重基础知识的巩固和基本能力的培养，题型丰富，难易适当，有助于学生复习巩固所学知识。

本习题册由冷静燕任主编，丁怡、都晔凯参加编写。

**图书在版编目（CIP）数据**

电机与变压器（第六版）习题册 / 冷静燕主编．-- 北京：中国劳动社会保障出版社，2021

全国中等职业学校电工类专业通用　全国技工院校电工类专业通用．中级技能层级

ISBN 978-7-5167-1360-0

Ⅰ.①电…　Ⅱ.①冷…　Ⅲ.①电机－中等专业学校－习题集②变压器－中等专业学校－习题集　Ⅳ.①TM-44

中国版本图书馆 CIP 数据核字（2021）第 110689 号

**中国劳动社会保障出版社出版发行**

（北京市惠新东街 1 号　邮政编码：100029）

*

河北鹏盛贤印刷有限公司印刷装订　　新华书店经销

787 毫米 ×1092 毫米　16 开本　5.5 印张　118 千字

2021 年 7 月第 1 版　2025 年 11 月第 8 次印刷

**定价：11.00 元**

营销中心电话：400-606-6496

出版社网址：http://www.class.com.cn

http://jg.class.com.cn

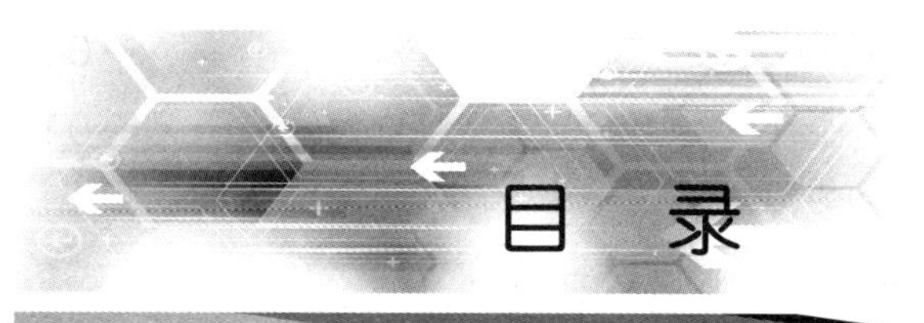

# 目 录

## 第一章　单相变压器

§1–1　变压器的分类、用途和结构 ……… 001
§1–2　变压器的原理 ……… 002
§1–3　单相变压器绕组的极性 ……… 007
§1–4　小型单相变压器的设计（选学）……… 009

## 第二章　电力变压器

§2–1　电力变压器的分类、用途和结构 ……… 012
§2–2　电力变压器绕组的连接及首尾判别 ……… 014
§2–3　电力变压器绕组的连接组别 ……… 015
§2–4　电力变压器的并联运行 ……… 017
§2–5　电力变压器的维护及检修 ……… 018

## 第三章　特殊变压器

§3–1　自耦变压器 ……… 020
§3–2　仪用变压器 ……… 021
§3–3　电焊变压器 ……… 023

## 第四章　三相异步电动机

§4–1　三相异步电动机的分类、用途和基本结构 ……… 026
§4–2　三相异步电动机的铭牌和型号 ……… 028
§4–3　三相异步电动机的工作原理 ……… 030
§4–4　三相异步电动机的启动 ……… 035
§4–5　三相异步电动机的调速 ……… 039

§4-6　三相异步电动机的制动 …… 041
§4-7　三相异步电动机的维护 …… 043

## 第五章　单相异步电动机

§5-1　单相异步电动机的基本结构和铭牌 …… 045
§5-2　单相异步电动机的工作原理 …… 047
§5-3　单相异步电动机的分类和应用 …… 048
§5-4　单相异步电动机的调速和反转 …… 050
§5-5　单相异步电动机的常见故障及处理 …… 052
§5-6　小功率三相电动机改为单相电动机运行 …… 054

## 第六章　直流电动机

§6-1　直流电动机的原理、构造、分类及铭牌 …… 055
§6-2　直流电动机的基本性能分析 …… 058
§6-3　直流电动机的运行 …… 063
§6-4　直流电动机的维护 …… 067

## 第七章　三相同步电机

§7-1　三相同步发电机的基本工作原理 …… 070
§7-2　同步发电机的励磁方式和并联运行 …… 071
§7-3　同步电动机的工作原理和启动方法 …… 072
§7-4　同步电动机功率因数的调整和同步补偿机 …… 073

## 第八章　特种电机

§8-1　测速发电机 …… 075
§8-2　伺服电动机 …… 077
§8-3　步进电动机 …… 079
§8-4　永磁电机 …… 081
§8-5　直线电动机 …… 083
§8-6　超声波电动机 …… 084

# 第一章　单相变压器

## §1-1　变压器的分类、用途和结构

**一、填空题（将正确答案填写在横线上）**

1．变压器是根据__________原理，把某一等级的______电压变换成______相同的另一等级的交流电压，以满足不同负载的需要。

2．变压器的种类很多，按相数分，可分为______变压器和______变压器；按冷却方式分，可分为________变压器、风冷式变压器、自冷式变压器和______变压器。

3．变压器绕组是变压器的______部分，常用漆包圆铜线绕制而成。接电源的绕组称为________，接负载的绕组称为________。按绕组所接电压的高低不同，可分为________和__________；按绕组绕制的方式不同，可分为__________和交叠绕组两种类型。

4．变压器铁芯是________的通道，也是__________的骨架，常用________叠装而成。因绕组放置的位置不同，可分为______和______两大类。小型干式变压器的铁芯采用________类型。

5．铁芯柱与铁轭的装配工艺有______式和______式两种。

**二、判断题（正确的在括号内打"√"，错误的在括号内打"×"）**

1．在电路中所需的各种直流电，可以通过变压器来获得。（　　）

2．变压器的基本工作原理是电流的磁效应。（　　）

3．同芯绕组是将一次绕组、二次绕组套在同一铁柱的内、外层，一般低压绕组在外层，高压绕组在内层。（　　）

4．热轧硅钢片比冷轧硅钢片的性能更好，其磁导率高而损耗小。（　　）

5．变压器的铁芯采用相互绝缘的薄硅钢片叠装而成，是为了减小铁芯损耗。（　　）

6．芯式铁芯是指线圈包着铁芯，其结构简单、装配容易、省导线，适用于大容量、高电压的电力变压器。（　　）

**三、选择题（将正确答案的代号填写在括号内）**

1．变压器是传递（　　）的电气设备。

A．电压　　B．电流

C．电压、电流和阻抗　　D．电能

2．适用于制作变压器铁芯的材料是（　　）。

A．软磁材料　　B．硬磁材料

C．矩磁材料　　D．顺磁材料

四、简答题

1．按铁芯结构形式分，变压器可分为哪几种？各有什么用途？

2．单相变压器主要由哪几部分组成？各起什么作用？

3．变压器铁芯为什么要用硅钢片叠装而成？

## §1-2　变压器的原理

一、填空题（将正确答案填写在横线上）

1．变压器根据二次绕组是否连接负载，可分为______运行和______运行。

2．变压器的空载运行是指变压器的一次绕组____________，二次绕组______的工作状态。

3．已知电源频率 $f$、变压器绕组匝数 $N$ 和通过铁芯的主磁通幅值 $\Phi_m$，则感应电动势有效值 $E$ 的表达式为______________________。

4．________________________________________称为变压器的变压比。降压变压器的变压比____于 1，升压变压器的变压比____于 1。

5．有一台变压器一次绕组接在 50 Hz、380 V 的电源上时，二次绕组的输出电压是 36 V。若把它的一次绕组接在 100 Hz、380 V 的电源上，则二次绕组的输出电压为____V，输出电压的频率为____Hz。

6. 一次绕组为 660 匝的单相变压器，当一次绕组电压为 220 V 时，要求二次绕组电压为 110 V，则该变压器的二次绕组应为____匝。

7. 一台变压器的变压比为 1.15，当它的一次绕组接到 220 V 的交流电源上时，二次绕组的输出电压为____V。

8. 在功放输出与扬声器连接时，为使扬声器获得最大输出功率，需匹配输出变压器把扬声器______变成和功放______一样大，这种方法称为__________。

9. 收音机的输出变压器二次侧所接扬声器的阻抗为 8 Ω，如果要求一次侧等效阻抗为 288 Ω，则该变压器的变压比应为____。

10. 变压器的外特性是指变压器的一次侧输入额定电压和二次侧负载__________一定时，二次侧__________与__________的关系。

11. 一般情况下，照明电源电压波动不超过______；动力电源电压波动不超过__________，否则必须重新调整。

12. 如果变压器的负载系数为$\beta$，则它的铜耗$P_{Cu}$与短路损耗$P_k$的关系式为________________，所以铜耗主要是随__________产生的。

13. 当变压器的负载功率因数$\cos\varphi_2$一定时，变压器的效率只与__________有关。当铜耗与铁耗______时，变压器的效率最高。

14. 变压器空载时的能量损耗以______为主，一般情况下认为变压器的铁耗等于__________。

**二、判断题（正确的在括号内打“√”，错误的在括号内打“×”）**

1. 变压器中匝数较多、线径较小的绕组一定是高压绕组。（　　）

2. 变压器既可以变换电压、电流和阻抗，又可以变换相位、频率和功率。（　　）

3. 变压器用于改变阻抗时，变压比是一次侧与二次侧阻抗的平方比。（　　）

4. 变压器空载运行时，一次绕组的外加电压与其感应电动势在数值上基本相等，而相位相差 180°。（　　）

5. 当变压器的二次侧电流增大时，由于二次绕组磁动势的去磁作用，变压器铁芯中的主磁通将减小。（　　）

6. 在变压器绕组匝数、电源电压及频率一定的情况下，减小变压器铁芯截面积$S$，根据公式$\varPhi_m=BS$可知，变压器铁芯中的主磁通会减小。（　　）

7. 当变压器的二次侧电流变化时，一次侧电流也跟着变化。（　　）

8. 接容性负载对变压器的外特性影响很大，并会使$U_2$下降。（　　）

9. 变压器的效率等于其输出视在功率与输入视在功率的比值。（　　）

10. 变压器的额定电压调整率是变压器的主要性能指标之一。（　　）

**三、选择题（将正确答案的代号填写在括号内）**

1. 有一台 380 V/36 V 的变压器，在使用时不慎将高压侧和低压侧互相接错，当低压侧加上 380 V 电源后，会发生的现象是（　　）。

A. 高压侧有 380 V 的电压输出

B. 高压侧没有电压输出，绕组严重过热

C．高压侧有电压输出，绕组严重过热

D．高压侧有高压输出，绕组无过热现象

2．如果将额定电压为 220 V/36 V 的变压器一次绕组接在 220 V 的直流电源上，将会发生的现象是（ ）。

A．输出 36 V 的直流电压

B．输出电压低于 36 V

C．输出 36 V 的电压，一次绕组过热

D．没有电压输出，一次绕组严重过热而烧坏

3．有一台变压器的一次绕组的电阻为 10 Ω，在一次绕组加 220 V 交流电压时，一次绕组的空载电流（ ）。

A．等于 22 A　　B．小于 22 A　　C．大于 22 A　　D．以上都不对

4．变压器降压使用时，能输出较大的（ ）。

A．功率　　B．电流　　C．电能　　D．电压

5．变压器运行时，在电源电压一定的情况下，当增加负载阻抗时，主磁通将（ ）。

A．增加　　B．基本不变　　C．减少　　D．不一定

6．变压器的空载电流 $i_0$ 与电源电压 $u_1$ 的相位关系是（ ）。

A．$i_0$ 与 $u_1$ 同相　　B．$i_0$ 滞后 $u_1$ 90°

C．$i_0$ 滞后 $u_1$ 接近 90°，但小于 90°　　D．$i_0$ 滞后 $u_1$ 略大于 90°

7．用一台变压器向某车间的异步电动机供电，当开动的电动机台数增多时，变压器的端电压将（ ）。

A．升高　　B．降低

C．不变　　D．可能升高，也可能降低

8．由变压器的外特性可知，（ ）。

A．负载越大，电压调整率 $\Delta U\%$ 越大

B．$\cos\varphi_2$ 越小，电压调整率 $\Delta U\%$ 越大

C．感性负载时，$\cos\varphi_2$ 越小，电压调整率 $\Delta U\%$ 越大

D．以上都不对

9．一负载 $R_L$ 经理想变压器接到信号源上，已知信号源的内阻 $R_0$=800 Ω，变压器的变压比 $K$=10。若该负载折算到一次侧的阻值 $R_L'$ 正好与 $R_0$ 实现阻抗匹配，则负载 $R_L$ 为（ ）。

A．80 Ω　　B．0.8 Ω　　C．8 Ω　　D．800 Ω

## 四、简答题

1．变压器能改变直流电压吗？如果接上直流电压会发生什么现象？为什么？

2．什么是主磁通和漏磁通?

3．简述变压器的工作原理。

4．为什么变压器在空载运行时功率因数很小?

5．有一台 220 V/110 V 的变压器，$N_1$=2 000，$N_2$=1 000。为了节省铜线，将 $N_1$、$N_2$ 分别减少为 400 和 200 是否可以？为什么？

## 五、计算题

1．变压器的一次绕组为 2 000 匝，变压比 $K$=30，一次绕组接入工频电源时铁芯中的磁通最大值 $\Phi_m$=0.015 Wb。试计算一次绕组、二次绕组的感应电动势。

2．单相变压器的一次侧电压 $U_1$=380 V，二次侧电流 $I_2$=21 A，变压比 $K$=11。试计算一次侧电流和二次侧电压。

3．变压器的额定容量是 100 kV・A，额定电压是 6 000 V/230 V，满载下负载的等效电阻 $R_L$=0.25 Ω，等效感抗 $X_L$=0.44 Ω。试计算负载的端电压及变压器的电压调整率。

4．一台单相照明变压器的额定容量 $S_N$=30 kV·A，额定电压 $U_{1N}/U_{2N}$=10 kV/0.22 kV。现要在二次侧接上 60 W、220 V 的白炽灯，最多可以接多少盏白炽灯？

## § 1–3 单相变压器绕组的极性

**一、填空题（将正确答案填写在横线上）**

1．变压器绕组的极性是指变压器一次绕组、二次绕组在同一______作用下所产生的感应电动势之间的相位关系，通常用________来标记。

2．同名端的标记可用________或________来表示。

3．同名端取决于两个绕组的______和__________。

4．把两个绕组的________相连的串联称为绕组正向串联，绕组上的感应电动势为________________________________。

5．绕组极性的测定，一般采用________法和__________法。

6．如图 1–1 所示，用交流法测变压器绕组的极性时，交流电压表测出电压 $U_1$、$U_2$ 和 $U_3$，如果 $U_3=U_1+U_2$，则 1U1 与______是异名端；如果 $U_3=U_1-U_2$，则 1U1 与________是同名端。

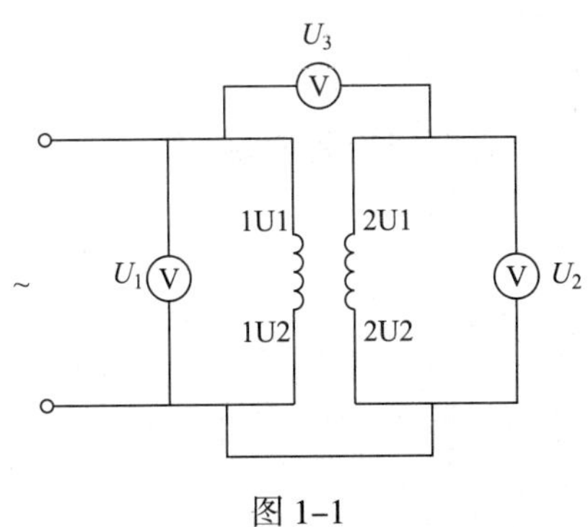


图 1–1

## 二、选择题（将正确答案的代号填写在括号内）

1．单相变压器一次绕组、二次绕组电压的相位关系取决于（　　）。

A．一次绕组、二次绕组的同名端

B．对一次绕组、二次绕组出线端标志的规定

C．一次绕组、二次绕组的同名端以及对一次绕组、二次绕组出线端标志的规定

D．以上都不对

2．图 1–2 所示绕组的连接形式是（　　）。

A．正向串联　　B．反向串联　　C．同极性并联　　D．以上都不对

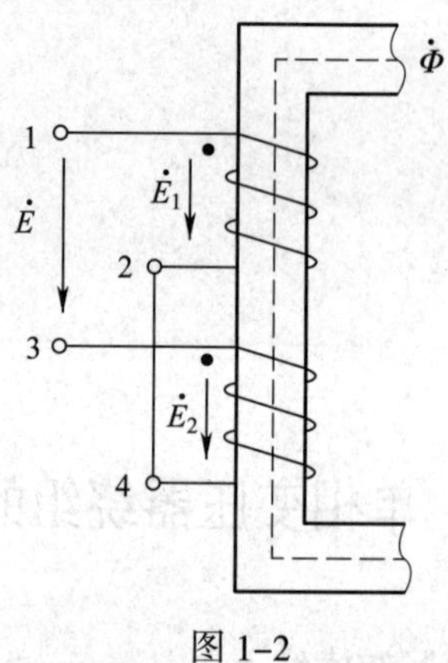


图 1–2

## 三、简答题

1．什么是绕组的同名端？什么样的绕组之间才有同名端？

2．简述用直流法判定变压器绕组同名端的方法。

3. 简述用交流法判定变压器绕组同名端的方法。

4. 在绕组的串联与并联中，极性（或同名端）判别有什么重要意义？

## § 1–4 小型单相变压器的设计（选学）

**一、填空题（将正确答案填写在横线上）**

1. 设计小型单相变压器的出发点是__________的需要，即应设计出______、______满足______和尺寸、参数确定的变压器。

2. 铁芯镶片要求______、______，不能损伤线包，否则会使铁芯截面积达不到计算要求，造成__________过大而发热，并使变压器在运行时硅钢片产生振动噪声。

3. 变压器装好后应进行__________、空载电压和空载电流的测试。各绕组间和绕组对地间的绝缘电阻可用________测试。

4. 线包绕好后，为______和增加__________，应做绝缘处理。

5. 绝缘材料的选择应从两个方面考虑，一方面是__________，另一方面是绝缘材料的______。

6. 绕线芯子及骨架除起__________的作用外，还对铁芯起到__________。

**二、判断题（正确的在括号内打“√”，错误的在括号内打“×”）**

1. 变压器线包的厚度等于绕组的厚度与内层层间、绕组间以及外包绝缘纸的厚度之和。（　　）

2. 变压器线尾固定方法是当一组绕组绕制接近结束时，要垫上一条对折的绝缘带，继续绕线到结束，将线尾插入对折绝缘带的折缝中，抽紧绝缘带，线尾即固定。（　　）

3. 为避免电子设备的输出信号有交流声的干扰，在变压器的一次绕组、二次绕组之间可加一层静电屏蔽。（　　）

4．变压器各绕组之间和各绕组与铁芯之间均应绝缘。可用 500 V 或 1 000 V 摇表测绝缘电阻。绝缘电阻阻值大于 100 MΩ 时为合格；绝缘电阻阻值小于 10 MΩ 时可能漏电；绝缘电阻阻值零时为短路；若绝缘电阻忽大忽小，则表示有碰线现象，应重绕。（　　）

5．变压器在运行中有响声，可能是铁芯未插紧。（　　）

**三、选择题（将正确答案的代号填写在括号内）**

1．当变压器一次绕组加额定电压值时，二次绕组的空载电压允许误差为（　　）。

A．±10%　　B．±5%　　C．±15%　　D．±20%

2．当变压器一次绕组加额定电压值时，其空载电流为（　　）的额定电流值。

A．5% ~ 10%　　B．5% ~ 8%　　C．8% ~ 10%　　D．以上都不对

3．变压器绕组的引出线可利用原线绞合后直接引出的漆包线，其线径（　　）。

A．大于 0.2 mm　　B．小于 0.2 mm

C．小于 0.1 mm　　D．没要求

**四、简答题**

1．简述小型变压器的制作过程。

2．绕线的要求和要领是什么？

3．硅钢片镶片的要求和方法是什么？

4．变压器的测试内容有哪些？如何判断变压器的质量好坏？

# 第二章　电力变压器

## §2-1　电力变压器的分类、用途和结构

**一、填空题（将正确答案填写在横线上）**

1. 电力变压器可分为______变压器、______变压器和______变压器。

2. 油浸式变压器由______和______组成器身，为了解决散热、绝缘、密封、安全等问题，还需要储油柜、冷却装置等附件。

3. 气体继电器装在______与________之间的管道中，当变压器发生故障时，器身会过热而使油分解产生气体。

4. 绝缘套管穿过________，将油箱中变压器绕组的______、______线从箱内引到箱外与______相接。

5. 绝缘套管由外部的______和中间的________组成，对它的要求主要是__________和__________要好。

6. 某变压器型号为S7-500/10，其中S表示______，500表示__________________________，10表示________________________。

7. 变压器额定电压的大小取决于绝缘材料的__________和____________。

8. 变压器的额定容量是指变压器的______功率，表示变压器在额定条件下的______________，单位是________或________。

9. 温升是指变压器在额定工作条件下，内部绕组允许的__________与__________之差，它取决于所用__________的等级。

**二、判断题（正确的在括号内打"√"，错误的在括号内打"×"）**

1. 为了防止因油温变化和空气进入油箱等情况引起油质变差，三相油浸式变压器在油箱顶上设计了一只储油柜。（　　）

2. 变压器的额定电流一旦确定就不会改变。（　　）

3. 变压器的额定容量是指在额定条件下二次侧输出的有功功率。（　　）

4. 油浸式变压器中用的绝缘材料都是B级绝缘。（　　）

5. 在额定状态下运行，可以保证变压器长期可靠地工作，并具有良好的运行性能。（　　）

**三、选择题（将正确答案的代号填写在括号内）**

1. 常用无励磁调压分接开关的调节范围为额定输出电压的（　　）。

A. ±10%　　B. ±5%　　C. ±15%　　D. 以上都不对

2．安全气道又称防爆管，用于避免油箱爆炸引起的更大危害。在全密封变压器中，广泛采用（　　）做保护。

A．压力释放阀　B．防爆玻璃　C．密封圈　D．以上都不对

**四、简答题**

1．三相电力变压器的作用是什么？

2．三相油浸式电力变压器主要由哪几部分组成？各部分的作用是什么？

**五、计算题**

一台三相变压器的额定容量 $S_N$=400 kV·A，额定电压 $U_{1N}/U_{2N}$=10 kV/0.4 kV，一次绕组用星形接法，二次绕组用三角形接法。试求一次绕组、二次绕组的额定电流和变压比。

## §2-2　电力变压器绕组的连接及首尾判别

**一、填空题（将正确答案填写在横线上）**

1. 三相变压器按磁路系统可分为________________和________________。

2. 三相变压器铁芯必须接地，以防_________或_____，而且铁芯只能有_____接地，以免形成闭合回路，产生_____。

3. 三相绕组的星形连接是将三相绕组的尾端连接在一起成为_________，把三相绕组的首端分别_____的连接方式。

4. 三相绕组的三角形连接是将三相绕组的_________依次连接构成一个闭合回路，因首尾相接的顺序不同，可分为_____和_____两种接法。

5. 三相绕组中不管是采用三角形连接还是星形连接，如果有一相绕组的首尾端接反了，_____就不对称，就会出现_________急剧增加现象，导致严重事故。

6. 三相绕组首尾判别的准则是：_________，______________。

**二、判断题（正确的在括号内打"√"，错误的在括号内打"×"）**

1. 三相变压器绕组的首尾不能接错，否则会使磁阻和空载电流增大。（　　）

2. 三相芯式变压器是指三相共用一个铁芯，但各相磁路无关联。（　　）

3. 三角形连接优于星形连接是因为它可以有两个电压输出。（　　）

4. 两台单相变压器接成星形时，也能传输三相功率。（　　）

**三、选择题（将正确答案的代号填写在括号内）**

1. 变压器二次绕组采用三角形连接时，如果有一相接反，将会产生的后果是（　　）。

A．没有电压输出　　B．输出电压升高

C．输出电压不对称　　D．绕组被烧坏

2. 有中线的星形连接用符号（　　）表示。

A．Y　　B．YN　　C．△　　D．YB

**四、简答题**

1. 什么是三相变压器绕组的星形连接？

2．简述用交流法判别三相绕组首尾端的方法。

## §2-3 电力变压器绕组的连接组别

**一、填空题（将正确答案填写在横线上）**

1．三相变压器的一次绕组、二次绕组根据不同的需要可以有________和______两种接法。一次绕组三角形接法用____表示、星形接法用____表示，有中线时用______表示。二次绕组分别用小写字母____、____和______表示。

2．三相变压器一次绕组、二次绕组采用不同接法而形成不同的_________，也反映出不同的一次绕组、二次绕组的________之间的相位关系。

3．国际上采用时钟表示法的连接组标号就是把______________相量作为长针，永远指向12点钟位置，相对应的______________相量为短针，它指向几点钟，就是连接组别的标号。

4．对于三相变压器的连接组别，国家标准规定了五种常用的连接组，它们分别是____________、____________、____________、____________和____________。

5．连接组别为Y，d3的三相变压器，其高压边为________接法，低压边为________接法，高压边线电压______低压边线电压____电角度。

**二、判断题（正确的在括号内打“√”，错误的在括号内打“×”）**

1．对于Y，y8连接组别的变压器，其一次绕组和二次绕组对应的相电压相位差为240°。（　　）

2．将连接组别为Y，y0的三相变压器二次侧出线端标志由2U1，2V1，2W1依次改为2W1，2U1，2V1，则其连接组别变为Y，y4。（　　）

3．只要保证绕组的同名端不变，其连接组别就不变。（　）

4．Y，yn0 连接组别不能用于三相壳式变压器，只能用于三相芯式变压器。（　）

**三、选择题（将正确答案的代号填写在括号内）**

1．对于 Y，y 接法的三相变压器，若二次侧 W 相绕组接反，则二次侧三个线电压之间的关系为（　）。

A．$U_{VW}=U_{WU}=\frac{1}{\sqrt{3}}U_{UV}$　　B．$U_{VW}=U_{WU}=\sqrt{3}U$

C．$U_{VW}=U_{UV}=U_{WU}$　　D．$U_{UV}=U_{WU}=\frac{1}{\sqrt{3}}U_{VW}$

2．将连接组别为 Y，y8 的变压器每相二次绕组的首、尾端标志互相调换，重新连接成星形，则其连接组别为（　）。

A．Y，y10　B．Y，y2　C．Y，y6　D．Y，y4

3．一台连接组别为 Y，d11 的变压器，若每相一次绕组和二次绕组的匝数比为 $\frac{\sqrt{3}}{4}$，则一次绕组、二次绕组的额定电流之比为（　）。

A．$\frac{\sqrt{3}}{4}$　B．$\frac{3}{4}$　C．$\frac{4}{3}$　D．$\frac{4}{\sqrt{3}}$

4．一台连接组别为 Y，d11 的变压器改接为 Y，y12 的连接组别后，其输出电压、电流及功率与原来相比，（　）。

A．电压不变，电流减小，功率减小

B．电压降低，电流增大，功率不变

C．电压升高，电流减小，功率不变

D．电压降低，电流不变，功率减小

5．一台连接组别为 Y，d 的变压器，若额定电压为 220 kV/110 kV，则该变压器一次绕组、二次绕组的匝数比为（　）。

A．2∶1　B．2∶$\sqrt{3}$　C．2$\sqrt{3}$∶1　D．1∶2

6．一台连接组别为 Y，y12 的变压器，若改接并标定成 Y，d11 的连接组别，则当一次侧仍施加原来的额定电压，而二次侧仍输出原来的额定功率时，其二次侧相电流将是原来额定电流的（　）倍。

A．$\frac{1}{3}$　B．$\frac{1}{\sqrt{3}}$　C．$\sqrt{3}$　D．3

**四、简答题**

1．如何判断变压器绕组的连接组别？

2．画出三相变压器 Y，d5 连接组别的接线图和相量图。

3．画出国家标准规定的五种三相变压器常用连接组别的接线图。

## § 2–4 电力变压器的并联运行

**一、填空题（将正确答案填写在横线上）**

1．将变压器一次绕组和二次绕组分别并联到各自的__________上，共同向______供电，这种运行方式称为变压器的并联运行。

2．三相变压器最理想的并联运行是：空载运行时，各并联变压器之间无______；带负载运行时，各并联变压器所承担的负载应按其容量____________；各并联变压器的____________相同。

3．并联运行的各变压器所分担的电流大小与其短路阻抗大小成______，短路阻抗大的分担的电流____；如果要求各变压器所分担的电流相位相同，则____________要相等。

**二、判断题（正确的在括号内打“√”，错误的在括号内打“×”）**

1．当某台变压器出现故障或需要检修时，可以由主变压器并联运行，以保证不停

电，从而提高供电质量。（ ）

2．连接组别不一样的变压器不能并联使用。（ ）

3．通常变压器制造厂家规定，出厂变压器的变压比误差不超过 ±0.2%。（ ）

**三、选择题（将正确答案的代号填写在括号内）**

1．两组连接组别相同的变压器并联运行，空载时二次绕组中有一定大小的电流，其原因是（ ）。

A．短路电压不相等　　B．变压比不相等

C．连接组别不同　　D．并联运行时的条件全部不满足

2．容量相同、短路电压不同的变压器并联运行时，最容易过载的是（ ）。

A．短路电压小的变压器　　B．短路电压大的变压器

C．输出电流小的变压器　　D．输出电流大的变压器

**四、简答题**

1．三相变压器并联运行的意义是什么？

2．变压器理想的并联运行必须满足哪些条件？

## §2-5 电力变压器的维护及检修

**一、填空题（将正确答案填写在横线上）**

1．运行值班人员应定期对变压器及附属设备进行全面检查，每天至少检查______。在检查过程中要遵守____、____、____、____、____五字准则，仔细检查。

2．变压器上层油温一般应在______℃以下，如油温突然升高，则可能是__________有故障，也可能是变压器______故障。

3．正常的变压器油色应是______________，各部位应无______和______现象。

4．采用钳形电流表测量铁芯接地线电流值，应不大于______A。

5．在有浓雾、下小雨及下雪时要检查变压器瓷套管有无沿表面__________，各引线接头发热部位在小雨中或落雪后应无水蒸气上升或落雪融化现象，__________应无冰柱。

6．新投入或经大修的变压器投入运行后，应增加检查__________________；检查________________；检查___________。

## 二、判断题（正确的在括号内打“√”，错误的在括号内打“×”）

1. 若变压器短时过载而报警，在解除音响报警后可以不做记录。 ( )

2. 硅钢片间绝缘老化后，变压器空载损耗不会变大。 ( )

3. 用快速红外线测温仪测试时，变压器引线接头接触处的温度不得超过 70 ℃。 ( )

4. 当电网发生故障时，如有一台变压器损坏，其他变压器允许长时间过负荷运行。 ( )

## 三、简答题

1. 变压器运行中的日常维护有哪些主要内容？

2. 变压器绕组匝间或层间短路时会有哪些故障现象？应怎样处理？

# 第三章　特殊变压器

## §3-1　自耦变压器

**一、填空题（将正确答案填写在横线上）**

1．把自耦变压器绕组的中间抽头做成________即可构成自耦调压器。

2．自耦变压器高、低压绕组之间既有_____的联系，又有_____的联系。

3．当自耦变压器的变压比 $K$ 大于 1 但_____1 时，绕组中公共部分的电流很____。自耦变压器的变压比一般取_______。

4．实验室中广泛使用的单相自耦调压器，其输入电压一般为_____V，输出电压可在_______V 之间调节。

5．自耦变压器一次侧、二次侧都要装设_____装置，中性点必须可靠_____。

6．三相自耦调压器常用于大容量交流电动机________，减小电动机________。

**二、判断题（正确的在括号内打“√”，错误的在括号内打“×”）**

1．自耦变压器绕组公共部分的电流，在数值上等于一次绕组、二次绕组的电流数值之和。（　　）

2．自耦变压器既可作为降压变压器使用，又可作为升压变压器使用。（　　）

3．自耦变压器的功率传输，除了靠一次绕组、二次绕组之间电磁感应原理传递的功率之外，还有一部分是由一次绕组、二次绕组之间公共绕组部分直接传导的功率。（　　）

**三、选择题（将正确答案的代号填写在括号内）**

1．将自耦变压器输入端的相线和零线反接，（　　）。

A．对自耦变压器没有任何影响

B．能起到安全隔离的作用

C．会使输出零线成为高电位而使操作有危险

D．以上都不对

2．自耦变压器的功率传递主要是（　　）。

A．电磁感应　　B．电路直接传导

C．以上都对　　D．以上都不对

3．接电源之前应把自耦变压器的手柄位置调到（　　）。

A．最大值　　B．中间

C．零位　　D．以上都不对

### 四、简答题

1. 自耦变压器有哪些特点？

2. 自耦变压器为什么不能作为安全照明变压器使用？使用中应注意哪些事项？

## §3-2 仪用变压器

### 一、填空题（将正确答案填写在横线上）

1. 电流互感器一次绕组的匝数很少，应______接入被测电路；电压互感器一次绕组的匝数很多，应______接入被测电路。

2. 用电流比为 200/5 的电流互感器与量程为 5 A 的电流表测量电流，电流表读数为 4.2 A，则被测电流为______A。若被测电流为 180 A，则电流表的读数应为______A。

3. 电压互感器在运行时绝对不允许______，因此一次侧、二次侧回路中都应串接__________进行______保护。

4. 电流互感器二次绕组的额定电流为____A，电压互感器二次绕组的额定电压为

____V。

5．电流互感器二次绕组严禁______运行，电压互感器二次绕组严禁______运行。

6．用变压比为10/0.1的电压互感器和量程为100 V的电压表测量电压，若电压表的读数为99.3 V，则被测电压是________V；若被测电压为9 500 V，则电压表的读数应为________V。

**二、判断题（正确的在括号内打“√”，错误的在括号内打“×”）**

1．利用互感器既可以使测量仪表与高电压或大电流回路隔离，保证工作人员和测量仪表的安全；又可大大减小测量损耗和误差，扩大测量仪表的量程，实现仪表的标准化。（　　）

2．与普通变压器一样，当电压互感器二次绕组短路时，将会产生很大的短路电流。（　　）

3．为了防止短路造成伤害，在电流互感器和电压互感器二次侧回路中必须装设熔断器。（　　）

4．电压互感器的一次绕组应接高电压，二次绕组应接电压表或其他仪表的电压线圈。（　　）

5．电流互感器实际上相当于一台处于短路状态的升压变压器。（　　）

6．互感器既可以用于交流电路，又可以用于直流电路。（　　）

7．电压互感器实际上相当于一台空载运行的双绕组降压变压器。（　　）

**三、选择题（将正确答案的代号填写在括号内）**

1．决定电流互感器一次绕组电流大小的因素是（　　）。

A．二次绕组电流　　B．二次绕组所接负载

C．变流比　　D．被测电路的负载

2．电流互感器二次侧开路运行的后果是（　　）。

A．二次侧电压为零

B．二次侧产生危险高压，铁芯过热

C．二次侧电流为零，促使一次侧电流近似为零

D．二次侧产生危险高压，变换到一次侧，使一次侧电压更高

3．电流互感器的二次绕组匝数较多，它与电流表或功率表的电流线圈（　　）成为闭合电路。

A．串联　　B．并联　　C．混联　　D．以上都不对

**四、简答题**

1．使用电流互感器时有哪些注意事项？

2. 使用电压互感器时有哪些注意事项？

## § 3–3 电焊变压器

**一、填空题（将正确答案填写在横线上）**

1. 交流弧焊机是一台具有特殊________的________变压器，通常称为电焊变压器，其工作原理与普通变压器没有本质区别。

2. 带可调电抗器的电焊变压器由一个____________和一个____________两部分组成。

3. 磁分路动铁式电焊变压器具有三个铁芯柱，两边为____铁芯柱，安放一次绕组与二次绕组；中间为可以活动的____铁芯。

4. 动圈式电焊变压器的一次绕组、二次绕组之间距离越小，耦合越____，漏磁通越____，输出电压就越______，对应变压器外特性曲线下降陡度就越____，输出电流就越____。

**二、判断题（正确的在括号内打“√”，错误的在括号内打“×”）**

1. 电焊变压器具有较大的漏电抗。（　　）

2. 电焊变压器的输出电压随负载电流的增大而略有增大。（　　）

3. 动圈式电焊变压器改变漏磁通是通过改变一次绕组和二次绕组的相对位置而实现的。（　　）

4. 电焊变压器通常采用磁分路法和串联可变电抗法来调节电抗值，以达到调节输出电流的目的。（　　）

5. 电焊变压器具有陡降的外特性，即当负载电流增大时，二次侧输出电压应急剧下降。通常额定运行时的输出电压为 30 V 左右。（　　）

**三、选择题（将正确答案的代号填写在括号内）**

1．下列关于电焊变压器性能的说法中，正确的是（　　）。

A．二次侧输出电压稳定，焊接电流也稳定

B．空载时二次侧电压低，短路电流不大，焊接时二次侧电压为零

C．二次侧电压空载时较大，焊接时较低，短路电流不大

D．以上都不对

2．要将带可调电抗器的电焊变压器的焊接电流调大，应将其电抗器铁芯气隙（　　）。

A．调大　　B．调小　　C．不变　　D．以上都不对

3．磁分路动铁式电焊变压器二次侧接法一定，其焊接电流最大时，动铁芯的位置位于（　　）。

A．最内侧　　B．最外侧　　C．中间　　D．以上都不对

4．将动圈式电焊变压器一次绕组、二次绕组之间的距离调大时，焊接电流将（　　）。

A．变大　　B．变小　　C．不变　　D．以上都不对

5．动圈式电焊变压器与磁分路动铁式电焊变压器以及带可调电抗器电焊变压器的主要区别在于（　　）。

A．改变漏磁通的方式不同　　B．改变原磁通的方式不同

C．改变感应磁通的方式不同　　D．以上都不对

**四、简答题**

1．电焊变压器应满足哪些要求？应怎样满足这些要求？

2．动圈式电焊变压器是如何调节电流的？它在性能上有哪些优缺点？

# 第四章　三相异步电动机

## §4-1　三相异步电动机的分类、用途和基本结构

**一、填空题（将正确答案填写在横线上）**

1. 三相异步电动机又称____________，是一种将______转变为________并拖动生产机械工作的动力设备。

2. 三相异步电动机的基本结构由______和______组成，它们之间存在________mm的气隙，此外，还有______、______、接线盒、吊环等附件。

3. 定子铁芯一般用厚为 0.35 ～ 0.5 mm、表面涂有________的________叠压而成。

4. 在容量较大的笼型异步电动机中，鼠笼式转子可采用________式（上、下两笼）或________转子，利用交流电的“趋肤效应”提高电动机的__________。

5. 三相定子绕组是异步电动机的______部分，通入三相对称交流电流后产生__________。

6. 转子是三相异步电动机的______部分，由__________、__________和______等组成。

7. 转子绕组的作用是产生____________和__________，并在旋转磁场的作用下产生__________而使转子转动。

**二、判断题（正确的在括号内打“√”，错误的在括号内打“×”）**

1. 三相异步电动机的定子铁芯是异步电动机磁路的一部分。（　　）

2. 三相异步电动机的转子铁芯可以用整块铸铁制成。（　　）

3. 三相异步电动机的转子绕组由许多线圈按一定规律连接而成，线圈由高强度漆包铜线或铝线绕成。（　　）

4. 接线盒一般用铸铁浇注，其作用是保护和固定绕组的引出线端子。（　　）

5. 绕线式转子绕组与定子绕组具有相同极数的三相对称绕组，一般接成三角形。（　　）

**三、选择题（将正确答案的代号填写在括号内）**

1. 带冲击性负载的机械宜选用（　　）型异步电动机。

A. 普通笼　　B. 高启动转矩笼

C. 多速笼　　D. 以上都不对

2. 适用于有易燃、易爆气体工作环境的是（　　）式电动机。

A. 防爆　　B. 防护　　C. 开启　　D. 以上都不对

3. 欲将三相异步电动机定子绕组接成星形，下列图示连接中正确的是（　　）。

A. B. C. D.

4. 欲将三相异步电动机定子绕组接成三角形，下列图示连接中正确的是（　　）。

A. B. C. D.

5. 三相异步电动机的定子铁芯及转子铁芯采用硅钢片叠压而成的原因是（　　）。

A. 减少铁芯中的能量损耗　　B. 允许电流通过

C. 价格低廉、制造方便　　D. 以上都不对

6. 三相笼型异步电动机的转子铁芯一般都采用斜槽结构，其原因是（　　）。

A. 改善电动机的启动及运行性能　　B. 增加转子导体的有效长度

C. 简化制造工艺　　D. 以上都不对

7. 国产小功率三相笼型异步电动机的转子导体最广泛采用的结构是（　　）转子。

A. 铜条结构　　B. 铸铝　　C. 深槽式　　D. 以上都不对

## 四、简答题

1. 三相异步电动机主要由哪些部分组成？各部分的作用是什么？

2. 三相绕线式异步电动机的转子绕组和三相笼型异步电动机的转子绕组有什么区别？

3．画出三相异步电动机三相定子绕组的星形接法和三角形接法，以及两种接法在接线盒中接线的示意图。

## §4–2　三相异步电动机的铭牌和型号

**一、判断题（正确的在括号内打“√”，错误的在括号内打“×”）**

1．额定功率是指三相异步电动机在额定工作状态下运行时转轴上输出的机械功率。　（　　）

2．额定转速表示三相异步电动机在额定工作情况下运行时每秒钟的转数。（　　）

3．我国规定标准电源频率（工频）为 50 Hz。　（　　）

4．三相异步电动机的额定电压和额定电流是指电动机的输出线电压和线电流。　（　　）

5．根据国产三相异步电动机型号中的最后一个数字，就能估算出该电动机的转速。　（　　）

**二、选择题（将正确答案的代号填写在括号内）**

1．某三相异步电动机的铭牌参数如下：$U_N$=380 V，$I_N$=15 A，$P_N$=7.5 kW，$n_N$=960 r/min，$f_N$=50 Hz。下列选项中对这些参数理解正确的是（　　）。

A．电动机正常运行时三相电源的相电压为 380 V

B．电动机额定运行时每相绕组中的电流为 15 A

C．电动机额定运行时电源向电动机输入的电功率是 7.5 kW

D．电动机额定运行时同步转速比实际转速快 40 r/min

2．三相笼型异步电动机铭牌上关于电压的标记为 380 V/220 V，接法为 Y/ △，电动机正常启动，下列说法中正确的是（　　）。

A．电源电压为 380 V 时，电动机采用星形接法

B．电源电压为 380 V 时，电动机采用三角形接法

C．电源电压为 220 V 时，电动机采用星形接法

D．以上都不对

## 三、简答题

1．简述三相异步电动机型号 Y112S–2 的含义。

2．已知 6 极 50 Hz 的三相异步电动机，铭牌上额定电压为 380 V/220 V，接法为 Y/ △。试说明该电动机的连接方法，并求出该电动机的同步转速。

## 四、计算题

1．一台三角形连接的三相异步电动机的铭牌数据如下：$P_N$=7.5 kW，$U_N$=380 V，$n_N$=1 440 r/min，$\cos\varphi_N$=0.82，$\eta_N$=88.2%。试求该电动机的额定电流和对应的相电流。

2．某三相异步电动机的铭牌数据如下：$U_N$=380 V，$I_N$=15 A，$P_N$=7.5 kW，$\cos\varphi_N$ = 0.83，$n_N$=960 r/min。试求该电动机的额定效率 $\eta_N$ 及磁极数。

## §4–3　三相异步电动机的工作原理

**一、填空题（将正确答案填写在横线上）**

1．__________是三相异步电动机工作的基本条件之一。

2．旋转磁场的旋转方向取决于三相定子绕组中______的三相交流电__________。

3．同步转速的大小取决于旋转磁场的_________和交流电源的______。

4．三相异步电动机的转速总是______旋转磁场的_________，因此称为异步电动机。

5．当三相异步电动机____________，转差率 $S$=1；______运行时，$S$ 很小，一般为 0.005 左右；在额定状态下运行时，$S$ 一般在____________之间。

6．三相异步电动机的机械特性曲线可以分为两大部分：电动机____________和电动机______________。

7．用过载系数____表示三相异步电动机的过载能力。过载系数是指三相异步电动机的____________与____________的比值，即____________。

8．电磁转矩 $T$ 是__________与__________相互作用而产生的，所以电磁转矩 $T$ 的计算公式是______________。

9．三相异步电动机带负载稳定运行时，输出的转矩______其额定转矩时称为轻载运行；电动机输出的转矩等于其额定转矩时称为______运行。

**二、判断题（正确的在括号内打“√”，错误的在括号内打“×”）**

1．“异步”是指三相异步电动机的转速与旋转磁场的转速有差值。（ ）

2．三相异步电动机没有转速差也能转动。（ ）

3．负载增加时，三相异步电动机的定子电流不会变化。（ ）

4．不能将三相异步电动机的最大转矩确定为额定转矩。（ ）

5．电风扇、鼓风机等风机型负载工作在机械特性曲线的不稳定运行区。（ ）

6．旋转磁场的转速公式为 $n_1=60f_1/p$，当 $f_1=50$ Hz 时，两极异步电动机和四极异步电动机的额定转速分别为 3 000 r/min 和 1 500 r/min。（ ）

7．转差率 $S$ 是分析三相异步电动机运行性能的一个重要参数，当电动机转速越快时，对应的转差率也越大。（ ）

8．三相定子绕组在空间上互差 120° 电角度。（ ）

**三、选择题（将正确答案的代号填写在括号内）**

1．三相异步电动机的转子转速 $n$ 与旋转磁场的转速 $n_1$ 的关系是（ ）。

A．$n_1 > n$　　B．$n_1 < n$

C．$n_1=n$　　D．以上都不对

2．某三相异步电动机的 $n_N=980$ r/min，则该三相异步电动机是（ ）极的。

A．2　　B．4　　C．6　　D．以上都不对

3．某三相异步电动机的额定转速为 1 470 r/min，则该电动机的额定转差率 $S_N$ 为（ ）。

A．0.01　　B．0.02

C．0.03　　D．以上都不对

4．三相异步电动机启动后，随着转速升高，转子感应电动势会（ ）。

A．增大　　B．减小

C．不变　　D．以上都不对

5．当三相异步电动机参数一定时，电磁转矩与（ ）成正比。

A．$U_1$　　B．$f_1$　　C．$U_1^2$　　D．以上都不对

6．某台进口的三相异步电动机额定频率为 60 Hz，现工作于频率为 50 Hz 的交流电源上，则电动机的额定转速将（ ）。

A．有所提高　　B．相应降低

C．保持不变　　D．以上都不对

7．三相异步电动机要保持稳定运行，则其转差率 $S$ 应（ ）。

A．小于临界转差率　　B．等于临界转差率

C．大于临界转差率　　D．以上都不对

8．异步电动机不希望空载或轻载运行的主要原因是（ ）。

A．功率因数低　　B．定子电流较大

C．转速太高有危险　　D．以上都不对

## 四、简答题

1．三相异步电动机的定子绕组通入对称三相交流电流后，产生的旋转磁场必须具备哪两个条件？

2．简述三相异步电动机的工作原理。

3．当异步电动机的机械负载增加时，为什么定子电流会随着转子电流的增加而增加？

4．三相异步电动机的启动转矩与哪些因素有关？怎样提高三相异步电动机的启动转矩？

5．增加三相异步电动机的转子电阻对电动机的机械特性有什么影响？

**五、计算题**

1．一台三相异步电动机的 $f_N$=50 Hz，$n_N$=960 r/min，该电动机的额定转差率是多少？另有一台 4 极三相异步电动机，其转差率 $S_N$=0.03，那么它的额定转速是多少？

2．两台三相异步电动机的电源频率为 50 Hz，额定转速分别为 1 440 r/min 和 2 910 r/min，它们的磁极数分别是多少？额定转差率分别是多少？

3．某台三相异步电动机的额定功率 $P_N$=11 kW，额定转速 $n_N$=2 930 r/min，过载系数 $\lambda$=2.2，堵转转矩倍数为 2.0。试求三相异步电动机的额定转矩 $T_N$、最大转矩 $T_m$ 和堵转转矩 $T_{st}$。

4．某台三相异步电动机 $T_N$=70 N · m，启动转矩倍数为 1.8，负载转矩 $T_L$=$T_N$，当电源电压降到额定电压的 80% 时，电动机能否启动？

# §4–4 三相异步电动机的启动

**一、填空题（将正确答案填写在横线上）**

1. 三相异步电动机接入电源电压时，其转速由零__________到__________的过程称为启动过程。

2. 当三相异步电动机容量较____而供电变压器与电网容量较____时，一般都采用降压启动，以减小__________及其对______造成的不利影响。

3. 三相笼型异步电动机常用的降压启动方法有__________降压启动、____________降压启动和定子绕组串电阻降压启动。

4. 三相异步电动机用 Y- △降压启动时，启动电流为直接启动电流的______，启动转矩也减小为直接启动时转矩的______，故此方法适用于正常运行时__________接成△形的三相笼型异步电动机。

5. 绕线式异步电动机转子串电阻启动既能减小__________，又能增大________________，因此适合于______启动的场合。

6. 绕线式异步电动机的启动方法有转子串______启动和转子串____________启动两种。

**二、判断题（正确的在括号内打“√”，错误的在括号内打“×”）**

1. 三相异步电动机的启动电流越大，启动转矩也越大。（　　）

2. 三相交流异步电动机如带有重载，则不能用降压启动的方法来启动。（　　）

3. 绕线式异步电动机转子回路串接频敏变阻器启动时，其频敏变阻器的特点是它的阻抗随着转子转速的上升而自动减小，使电动机能平稳启动。（　　）

4. 只要供电线路允许三相异步电动机直接启动，就可以采用直接启动的方法来启动电动机。（　　）

5. 三角形接法的三相异步电动机若误采用星形接法，假设负载转矩不变，则电动机转速将会比三角形接法时稍有增加或大体不变。（　　）

6. 三相异步电动机采用自耦变压器降压启动时，电压降低，电流变大，启动转矩增大，可以用于重负载的启动。（　　）

7. 如果将绕线式异步电动机三相转子绕组中的任意两相与启动变阻器的接线对调，则电动机将反转。（　　）

8. 可根据电动机容量和负载的大小来选用三相异步电动机的启动方法。（　　）

**三、选择题（将正确答案的代号填写在括号内）**

1. 下列选项中不满足三相异步电动机直接启动条件的是（　　）。

A. 电动机容量在 7.5 kW 以下

B. 满足经验公式$\frac{I_{st}}{I_N} \leqslant \frac{3}{4} + \frac{S_T}{4P_N}$

C. 电动机在启动瞬间造成的电网电压波动小于 20%

D．以上都不对

2．功率消耗较大的启动方法是（　　）。

A．Y-△降压启动

B．自耦变压器降压启动

C．定子绕组串电阻降压启动

D．以上都不对

3．如果接入 380 V 电源电压，下列选项中可采用 Y-△降压启动的电动机是（　　）。

A．380 V、Y 接法　　B．660 V/380 V、Y/△接法

C．380 V、△接法　　D．380 V/220 V、Y/△接法

4．我国生产的 JO2 系列及 Y 系列电动机，凡功率在 4 kW 及以上者均采用△接法运行，其原因是（　　）。

A．可以采用 Y-△降压启动

B．可以采用自耦变压器启动

C．为了满足直接启动时电源线电压 380 V 的需要

D．以上都不对

5．三相异步电动机直接启动的电流比额定电流增加（　　），转矩（　　）。

A．不多　增加很多　　B．很多　增加不多

C．不多　减少不多　　D．很多　减少很多

四、简答题

1．三相异步电动机在启动时电流很大，但启动转矩并不大，这是什么原因？

2．三相异步电动机 Y-△降压启动的特点是什么？适用于什么场合？

3．三相异步电动机自耦变压器降压启动的特点是什么？适用于什么场合？

4．三相异步电动机直接启动的条件是什么？

5．三相异步电动机在额定负载下运行时，由于某种原因电源电压降低了20%，若长时间运行，会给电动机带来什么影响？

6．如果绕线式异步电动机转子绕组开路，能否启动？为什么？

7．绕线式异步电动机串电阻降压启动和串频敏变阻器降压启动各有什么特点？试说明各自的适用范围。

## 五、计算题

一台 20 kW 电动机的启动电流与额定电流之比为 6∶5，变压器容量为 5 690 kV · A，该电动机能否全压启动？另有一台 75kW 电动机的启动电流与额定电流之比为 7∶1，该电动机能否全压启动？

# § 4–5 三相异步电动机的调速

**一、填空题（将正确答案填写在横线上）**

1. 三相异步电动机的调速方法有__________、__________和_____________。

2. 双速电动机通常有________和________两种接线，通过改变每一相定子绕组的连线，使绕组中一半线圈上__________发生改变后，旋转磁场的磁极对数由____极变为____极，同步转速由______r/min 变为______r/min。

3. 调速是指在电动机的______不变的条件下改变电动机的______。

4. 三相异步电动机变压变频调速可以实现________变频调速，实质上就是变频调速时要保证电动机的__________不变。

5. 变极调速是指在电源频率不变的条件下，改变异步电动机_______________，可以改变__________，从而得到不同的转速。

6. 若三相异步电动机在定子上装两套独立绕组，各自具有所需的__________，两套独立绕组中每套又可以有不同的______，这样就可以分别得到三速或四速运行状态，统称为______电动机。

**二、判断题（正确的在括号内打"√"，错误的在括号内打"×"）**

1. 三相变极多速异步电动机不管采取什么接法，当 $f$=50 Hz 时，电动机最高转速只能低于 3 000 r/min。（　　）

2. 采用△ /YY 接线的双速电动机适用于恒转矩负载的调速。（　　）

**三、选择题（将正确答案的代号填写在括号内）**

1. 多速异步电动机的变速原理是（　　）。

A. 变压调速　　B. 变频调速

C. 变极调速　　D. 变转差率调速

2. 能实现无级调速的调速方法是（　　）。

A. 变极调速　　B. 变转差率调速

C. 变频调速　　D. 以上都不对

3. 双速异步电动机的定子绕组低速时为三角形连接，转速为 1 450 r/min。若要使电动机变为高速 2 900 r/min 运行，定子绕组应为（　　）连接。

A. Y　　B. YY　　C. △　　D. Y– △

4. 三速异步电动机低速 – 中速 – 高速的绕组接法是（　　）。

A. △ –Y–YY　　B. Y– △ –YY

C. YY– △ –Y　　D. YY–Y– △

5. 桥式起重机上采用的绕线式异步电动机为了满足起重机调速范围宽、调速平滑的要求，应采用（　　）的方法调速。

A. 调电源电压　　B. 转子串联频敏变阻器

C. 定子绕组串联电阻　　D. 转子串联调速电阻

6．绕线式异步电动机转子串电阻调速属于（　　）。

A．变转差率调速　　B．变极调速

C．变频调速　　D．以上都不对

7．下列属于变转差率调速的是（　　）。

A．降低电源电压调速　　B．变频调速

C．变磁极对数调速　　D．以上都不对

8．用降低电源电压的方法来实现异步电动机变转差率调速主要用于（　　）。

A．恒转矩负载　　B．风机型负载

C．恒功率负载　　D．以上都不对

## 四、简答题

1．变极调速有什么特点?

2．简述绕线式异步电动机转子串电阻调速的特点。

3．变频调速有什么优点?

# §4-6 三相异步电动机的制动

**一、填空题（将正确答案填写在横线上）**

1．三相异步电动机的旋转方向取决于______________的旋转方向，要改变电动机的转动方向，只要对调电动机任意两相________，旋转磁场就会改变转动方向，电动机也随之反转。

2．为了使电动机迅速准确地停转，必须对电动机实行制动，通常采用的制动方法有__________和__________，电气制动又分为反接制动、__________和再生制动。

3．三相异步电动机的电气制动是在电动机______中产生一个与__________相反的__________，使电动机迅速停止转动的过程。

4．三相异步电动机能耗制动的方法是将运行的三相异步电动机的____________从三相交流电源上断开后，立即接到__________上。

5．三相异步电动机进行电源反接制动，当转速接近零时，要利用控制电器将三相电源及时切断，并用__________制动，否则电动机将______。

6．反接制动有______________和______________两种情况。

**二、判断题（正确的在括号内打"√"，错误的在括号内打"×"）**

1．由于反接制动时产生的冲击力比较大，应串入适当大小的限流电阻，即使这样，该制动方法也只适用于功率较小的电动机。（ ）

2．电磁抱闸制动装置广泛应用于起重机械。（ ）

3．能耗制动的特点是制动平稳，对电网及机械设备冲击小，而且不需要直流电。（ ）

4．再生发电制动广泛应用于机床设备。（ ）

5．三相异步电动机的三种电气制动方法均只适用于笼型异步电动机，而对绕线式异步电动机必须采用电磁抱闸制动。（ ）

6．三相异步电动机采用再生发电制动只能限制电动机的转速，而无法将电动机制停。（ ）

**三、选择题（将正确答案的代号填写在括号内）**

1．将运行中的异步电动机三相定子绕组出线端的任意两相与电源接线对调，电动机的运行状态变为（ ）。

A．反接制动　　　　B．反转运行

C．先反接制动，后反转运行　　　　D．以上都不对

2．桥式起重机在下放重物时，重物能保持一定的速度匀速下降，而不会像自由落体一样落下，主要原因是电动机此时处于（ ）。

A．反接制动状态　　　　B．能耗制动状态

C．再生发电制动状态　　　　D．以上都不对

3．向电网反馈电能的三相异步电动机制动方式称为（ ）。

A．能耗制动　　　　　　　　　　B．再生发电制动
C．反接制动　　　　　　　　　　D．电磁抱闸

4．三相异步电动机轻载运行时，三根电源线突然断一根，这时会出现（　　）。
A．电动机能耗制动，直至停转
B．电动机反接制动后，反向转动
C．由于机械摩擦存在，电动机缓慢停机
D．电动机继续运转，电流增大，电动机发热

四、简答题

1．如何使三相异步电动机反转？

2．简述三相异步电动机能耗制动的工作原理。

3．机械制动有什么优缺点？一般用于什么场合？

4．电气制动有哪几种方法？简述各种制动方法的特点与适用范围。

5. 简述三相异步电动机的再生发电制动原理。

## §4-7 三相异步电动机的维护

**一、填空题（将正确答案填写在横线上）**

1. 电动机运行的状况可以从运行时__________、温度高低、__________的差异等特征表现出来。监视内容主要有______、电流、______、声音、______与振动等。

2. 当环境温度为标准值时，带额定负载运行的电动机__________应不超过铭牌上的额定电流值，如果__________超过额定值，电动机可能是__________或发生__________等异常现象，应及时切断电源停机检查，防止发生故障，以免烧毁电动机。

3. 若发现电动机温升过高，这是电动机______和______过热的外部表现。严重过热会加速__________的老化，损坏电动机__________，缩短电动机使用寿命。

4. 检查电动机时，一般按先____后____、先____后____、先听后检的顺序。

5. 耐压试验的目的是考核各相之间及各相绕组对机壳之间的__________的好坏，以确保电动机的__________及操作人员的__________。

6. 温升反映电动机运行中的__________，是电动机运行的重要参数之一。

7. 直流电阻的测定一般在______下进行，绕组电阻可采用__________测量。所测各相电阻值偏差与其平均值之比不得超过______%。

8．绝缘电阻的测定主要是测定__________、各绕组与地间的冷态绝缘电阻。对于500 V以下的电动机，绝缘电阻值不应低于____MΩ。

**二、判断题（正确的在括号内打“√”，错误的在括号内打“×”）**

1．用手拨动新购进的三相笼型异步电动机转轴，如转动灵活，就可以通电运行。（　　）

2．三相异步电动机在运行中如有焦臭味发出，说明电动机运行不正常，必须迅速停机检查原因。（　　）

3．为保证电动机可靠运行，需要监测与测量电动机绕组、铁芯和轴承等部件的温度。（　　）

**三、简答题**

1．如何监视运行中的三相交流异步电动机？

2．如何对电动机进行日常维护？

3．三相交流异步电动机在使用时会出现哪些较为常见的故障？

# 第五章　单相异步电动机

## §5-1　单相异步电动机的基本结构和铭牌

**一、填空题（将正确答案填写在横线上）**

1．单相异步电动机按不同的启动装置，可分为________电动机和________电动机两种，这两种单相异步电动机的转子都是____式转子。

2．单相异步电动机定子部分主要由__________、__________及引出线等部分组成。引出线用于接通____________，为定子绕组供电。

3．定子绕组的作用是通入________，在定子、转子及空气隙中形成______磁场。

4．隐极式定子结构与三相异步电动机定子结构相似，也是用________叠压而成，但铁芯槽内放置两套绕组，一套是________，也称__________或工作绕组；另一套是副绕组，也称__________或__________。

5．凸极式定子铁芯是由硅钢片叠压制成______形状固定在______内，在铁芯的1/4 ~ 1/3处开一个______，在槽和短边一侧套装一个__________，把部分磁极“罩”起来，称为罩极。

6．单相异步电动机没有__________，不能自行启动，需在副绕组电路上附加__________才能启动运转。

**二、判断题（正确的在括号内打“√”，错误的在括号内打“×”）**

1．定子铁芯除支撑绕组外，主要是磁通的通路部分。（　　）

2．单相异步电动机工作绕组和启动绕组在空间上相隔120°电角度，目的是改善启动性能和运行性能。（　　）

3．启动元件是单相交流异步电动机的一个组成部分。（　　）

4．电容启动运转式单相交流异步电动机需要两个电容，启动电容一般采用油浸电容器或纸介电容器，运转电容一般采用电解电容器。（　　）

5．铭牌是选择、安装、使用和修理（包括重绕绕组）单相异步电动机的重要依据。（　　）

6．离心开关包括开关部分和转动部分，开关部分一般安装在转轴上，转动部分一般安装在端盖内。（　　）

**三、选择题（将正确答案的代号填写在括号内）**

1．（　　）是电容分相式单相异步电动机必不可少的元件。

A．离心开关　　B．电容　　C．启动继电器　　D．PTC元件

2．电容启动式单相异步电动机的启动需要（　　）。

A．启动电容　　B．运转电容

C．启动电容和运转电容　　D．离心开关

3．启动电容一般采用（　）。

A．油浸电容器　　B．纸介电容器

C．电解电容器　　D．以上都可以

4．电动机铭牌上的功率是指（　　）。

A．输入功率　　B．输出的机械功率

C．损耗的功率　　D．输入与输出功率

## 四、简答题

1．单相异步电动机主要由哪几部分组成？各部分的作用是什么？

2．采用离心开关作为启动元件的单相异步电动机最显著的特点是什么？

3．单相异步电动机的定子有哪几种结构形式？简述各种结构形式的特点。

# §5-2 单相异步电动机的工作原理

**一、填空题（将正确答案填写在横线上）**

1．脉动磁场可分解为__________、__________的两个旋转磁场，这两个旋转磁场作用在鼠笼式转子的导体上，会产生两个大小相等、方向相反的__________。

2．为了解决单相异步电动机的启动问题，可在单相异步电动机的__________中加装一个启动绕组，并要保证__________与启动绕组是__________，即两个绕组的匝数______，在空间上互差____电角度。

3．与同容量的三相异步电动机相比，单相异步电动机额定转速较____，过载能力、______和__________也较低。

**二、判断题（正确的在括号内打“√”，错误的在括号内打“×”）**

1．气隙磁场为脉动磁场的单相异步电动机能自行启动。（ ）

2．单相异步电动机在没有副绕组的情况下也能产生旋转磁场。（ ）

3．单相异步电动机不能自行启动。（ ）

4．给在空间互差 90° 电角度的两相绕组内通入同相位交流电，就可产生旋转磁场。（ ）

**三、选择题（将正确答案的代号填写在括号内）**

1．单相交流电通入单相绕组产生的磁场是（ ）。

A．旋转磁场　B．恒定磁场　C．脉动磁场　D．以上都不对

2．单相异步电动机上电容的作用是（ ）。

A．增大电流　B．减小电流

C．为主绕组和副绕组电流分相　D．减小损耗

**四、简答题**

1．当单相异步电动机工作绕组通入单相交流电时，会产生什么磁场？

2．气隙磁场为脉动磁场的单相交流异步电动机为什么不能自行启动？如何才能使该电动机转动？

## §5–3 单相异步电动机的分类和应用

**一、填空题（将正确答案填写在横线上）**

1. 根据获得启动转矩的方法，单相异步电动机主要分为________单相异步电动机和________单相异步电动机两大类。

2. 分相式单相异步电动机常在定子铁芯上安装两套绕组，一套是__________，长期接通______工作；另一套是__________，两套绕组的空间位置相差 90° 电角度。

3. 分相式单相异步电动机根据启动方式不同，可分为__________单相异步电动机和__________单相异步电动机。

4. 电容分相单相异步电动机可根据启动绕组是否参与正常运行分成________单相异步电动机、____________单相异步电动机和____________单相异步电动机三类。

5. 电容运行单相异步电动机无启动装置，结构______，使用维护方便，堵转电流____，有较高的______和__________。

6. 双值电容单相异步电动机中________电容容量较大，________电容容量较小，两只电容____联后与启动绕组____联。

**二、判断题（正确的在括号内打“√”，错误的在括号内打“×”）**

1. 罩极式单相异步电动机具有结构简单、制造方便等优点，所以广泛应用于洗衣机中。（　　）

2. 因电容运行单相异步电动机主绕组与副绕组中的电流是同相位的，所以称为单相异步电动机。（　　）

3. 电容启动单相异步电动机启动后，当启动绕组开路时，转子转速会变慢。（　　）

4. 罩极式单相异步电动机主要用于大功率空载启动的场合。（　　）

5. 罩极式单相异步电动机是小型单相异步电动机中最简单的一种，也是日常生活中常见的一种电动机。（　　）

**三、选择题（将正确答案的代号填写在括号内）**

1. 目前，国产的空调压缩机、电冰箱、洗衣机中的单相异步电动机大多属于（　　）。

A. 单相罩极式　　B. 单相电容启动式

C. 单相电容运转式　　D. 以上都不对

2. 电阻启动单相异步电动机中绕组的相位关系为（　　）。

A. 启动绕组中电流滞后工作绕组中电流 90°

B．启动绕组中电流超前工作绕组中电流 90°

C．工作绕组中电流超前启动绕组中电流 90°

D．以上都不对

3．罩极式单相异步电动机的转动方向（　　）。

A．总是由磁极的未罩部分转向被罩部分

B．总是由磁极的被罩部分转向未罩部分

C．决定于定子绕组首、尾端的接线关系

D．以上都不对

**四、简答题**

1．罩极式单相异步电动机有哪两种结构？简述其特点及应用场合。

2．比较电容运行单相异步电动机、电容启动单相异步电动机、电阻启动单相异步电动机的运行特点及使用场合。

# §5-4 单相异步电动机的调速和反转

一、填空题（将正确答案填写在横线上）

1．在电容运行单相交流异步电动机中，旋转磁场的转向由________转向________。电容器的____改接后，旋转磁场和转子的转向也跟着改变。

2．洗衣机中拖动电动机的反转是由定时器开关改变电容器接法，使______与______互换来实现正、反转交替运转的。

3．常用的调压调速方法有______调速、串电抗器调速、串____调速、定子绕组____调速和双向晶闸管调压调速等。

4．改变旋转磁场的方法有两种：一种是改变________，另一种是改变______，这两种方法只适合于电容运行单相异步电动机。

5．凸极式罩极单相异步电动机在允许和可能的情况下将______从机座中抽出来，调转____再装进去，这样就可以使电动机反转。

二、判断题（正确的在括号内打"√"，错误的在括号内打"×"）

1．若使单相异步电动机反转，就必须使旋转磁场反转。（　　）

2．双向晶闸管调速方法可以做到有级调速，但节能效果差，会产生一些电磁干扰，大量用于风扇调速。（　　）

3．单相变频调速已广泛应用于家用电器。（　　）

4．单相异步电动机只要调换两根电源线就能改变转向。（　　）

5．要改变罩极式异步电动机的转向，只需改变电源接线即可。（　　）

6．单相异步电动机电抗器调速后，电动机转速既能高于额定转速，又能低于额定转速。（　　）

7．电抗器调速是通过电抗器分压来降低电动机电压实现的，所以电抗器可以用电阻来代替。（　　）

三、选择题（将正确答案的代号填写在括号内）

1．家用台扇最常用的调速方法是（　　）。

A．抽头调速　　B．串电抗器调速

C．双向晶闸管调速　　D．自耦变压器调速

2．吊扇最常用的调速方法是（　　）和（　　）。

A．抽头调速　　B．串电抗器调速

C．双向晶闸管调速　　D．自耦变压器调速

3．电容如果串入单相异步电动机工作绕组，会发生的现象是（　　）。

A．电动机反转　　B．电动机立即烧掉

C．电动机正常运行　　D．电动机转向不变，转速增大

4．改变单相电容启动式异步电动机的转向，只要将（　　）。

A．主、副绕组对换

B．主、副绕组中任意一组首尾端对调

C．电源的“相”线与“零”线对调

D．以上都不对

**四、简答题**

1．简述调压调速的特点。

2．单相异步电动机的调速方法有哪几种？目前普遍使用的是哪一种调速方法？

3．罩极式单相异步电动机的转向可以改变吗？为什么？

# §5-5　单相异步电动机的常见故障及处理

一、填空题（将正确答案填写在横线上）

1. 单相启动式电动机只有在电动机______或转速降低到使__________闭合时，才能改变其接线方法。

2. 更换电容器时，电容器的______与__________必须与原规格相同，启动用的电容器应选用专用的___________，其通电时间一般不得超过____s。

3. __________是分相式单相异步电动机特有的元件，应用较多的启动元件是________和________。

4. 判断离心开关是否短路，可在__________线路中串入________，运行时如仍有电流通过，则说明离心开关的__________未断开，这时应查清原因并进行修复。

5. 当电容容量不足、漏电时，会出现电动机带负载时__________，但空载时______的故障。

6. 同一种故障现象既可由__________引起，也可由__________引起。维修前必须先分析可能出现的故障原因，然后根据先______、后______的原则，逐一排查和维修。

7. 当电源电压时有时无或电压过低时，会导致电动机__________过小而不能启动。电源电压是否正常可用________进行测量。

8. 电动机定子绕组出现__________或冒烟的原因是电流长期______额定电流所致。

二、判断题（正确的在括号内打“√”，错误的在括号内打“×”）

1. 单相异步电动机的检修可通过“听、看、闻、摸”等手段，随时检查电动机的运行状态。（　　）

2. 电动机轴承安装不好或轴承磨损是电动机运行时噪声大或振动大的原因之一。（　　）

3. 电容启动单相异步电动机在启动完毕后离心开关没有断开，会使电动机在运行中温度过高或冒烟。（　　）

4. 单相异步电动机的工作绕组直流电阻小，启动绕组直流电阻大。（　　）

5. 单相异步电动机上电容的作用是平稳电压。（　　）

6. 电动机长期在低电压下运行可能会烧毁。（　　）

7. 单相异步电动机通电后熔丝很快熔断，主要应从机械方面找原因。（　　）

8. 罩极式单相异步电动机不能启动，无电磁振动声，最常见的故障原因是主绕组断线。（　　）

三、选择题（将正确答案的代号填写在括号内）

1. 若单相异步电动机中的电容器容量变小，会使电动机（　　）。

A. 转速变慢　　B. 烧毁　　C. 没有任何影响　　D. 以上都不对

2. 用万用表电阻挡检测电容器质量时，万用表表针摆动到阻值为零的位置后不再返回，表明电容器（　　）。

A．正常　　B．断路　　C．短路　　D．以上都不对

3．若单相异步电动机的转速达不到额定值，可能是（　　）。

A．电源电压过低　　B．转子笼条全部开路

C．工作绕组或启动绕组短路或接地　　D．以上都不对

**四、简答题**

1．简述单相异步电动机中电容器常见的故障及故障现象。

2．离心开关断路后，启动时副绕组不能接入电源，电动机将无法启动。试分析引起离心开关断路的原因及检修方法。

# § 5-6　小功率三相电动机改为单相电动机运行

**一、填空题（将正确答案填写在横线上）**

1．电动机从原来的三相运行变为单相运行，必须依靠串接______来移相（分开电流相位），才能产生__________。

2．将三相异步电动机改成单相异步电动机，最常用的接法有三相定子绕组________和__________。

**二、计算题**

Y112M–2 型三相异步电动机的额定功率为 4 kW，采用三角形接法的额定电流为 8.2 A，现要将它改接为单相运行，采用图 5–1 所示的接法，单相电压为 220 V。试求串接运行电容器的电容量及耐压值。

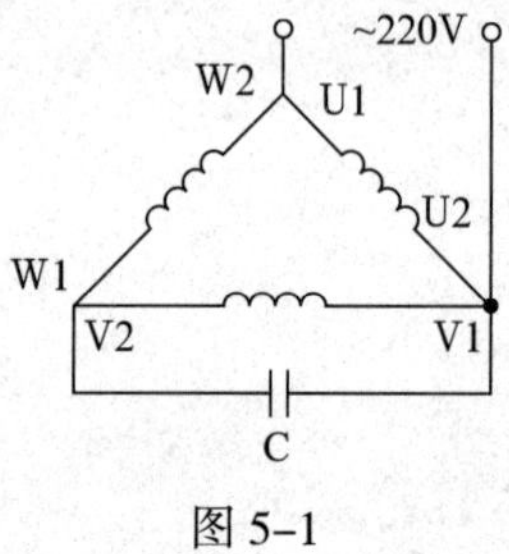


图 5–1

# 第六章　直流电动机

## §6-1　直流电动机的原理、构造、分类及铭牌

**一、填空题（将正确答案填写在横线上）**

1. 直流电动机由于其具有良好的______和______性能，对于汽车用__________、风窗玻璃擦拭电动机、吹风机电动机等，都是直流电动机在______________中最为经济的选择。

2. 直流电机的运行是可逆的，即同一台电机既能作________运行，又能作__________运行。

3. 直流电动机是将__________转变为________的电动机。

4. 直流电动机的基本结构与其他旋转电机一样，具有静止和转动两大部分，静止部分称为______，转动部分称为______，在两部分之间有一定大小的______，称为空气隙。

5. 主磁极的作用是产生________，主要由________和________两部分组成。

6. 电刷装置的作用是使固定的电刷与______________保持滑动接触，将旋转的______与固定不动的________相连，把__________和__________引入或引出。

7. 电刷装置由______、______、______、________和__________等组成。

8. 电枢绕组的作用是产生____________和通过______，实现__________的相互转换。

9. 励磁方式是指直流电动机________产生的方式。按照直流电动机主磁场的不同，一般可分为两大类：一类是由永久磁铁作为________，另一类是利用给__________通入________产生主磁场。

**二、判断题（正确的在括号内打"√"，错误的在括号内打"×"）**

1. 直流电动机电枢绕组元件中通过的电流是直流电流。　（　　）

2. 直流电动机的电刷随转子一起转动。　（　　）

3. 直流电动机的额定功率是转轴上输出的机械功率。　（　　）

4. 在积复励直流电动机中，串联励磁绕组和并联励磁绕组所产生的磁场方向相反。　（　　）

5. 他励电动机的励磁绕组和电枢绕组由同一电源供电。　（　　）

6. 直流电动机的定子又称电枢。　（　　）

7．直流电动机因其换向器的作用是把流过电刷两端的直流电流变成电枢绕组的交流电流，所以可取消换向器，直接给电枢绕组通入交流电。（ ）

8．直流电机的额定功率 $P_N$ 对发电机来讲是指输出的电功率，对电动机来讲则是输入的电功率，它们都可用 $P_N=U_NI_N$ 来计算。（ ）

**三、选择题（将正确答案的代号填写在括号内）**

1．直流电动机的主磁场是指（ ）。

A．主磁极产生的磁场　　B．电枢电流产生的磁场

C．换向极产生的磁场　　D．以上都不对

2．直流电动机的额定功率 $P_N$ 是指电动机在额定工况下，长期运行所允许的（ ）。

A．从转轴上输出的机械功率　　B．从转轴上输入的机械功率

C．从电枢绕组上输入的电功率　　D．从电枢绕组上输出的电功率

3．直流电动机铭牌上的额定电流是电动机长期连续运行时允许（ ）。

A．通过的电枢电流　　B．从电源输入的励磁电流

C．从电源输入的电流　　D．以上都不对

4．下列属于直流电动机转子的主要部分的是（ ）。

A．电枢　　B．主磁极　　C．换向极　　D．电刷

5．直流电动机在旋转一周的过程中，某一个绕组元件（线圈）中通过的电流是（ ）。

A．直流电流　　B．交流电流

C．互相抵消正好为零　　D．以上都不对

6．适宜制作直流电动机铁芯的材料是（ ）材料。

A．软磁　　B．硬磁　　C．矩磁　　D．顺磁

7．直流电动机主磁极上有两个励磁绕组，一个与电枢绕组串联，另一个与电枢绕组并联，这种直流电动机称为（ ）电动机。

A．他励　　B．串励　　C．并励　　D．复励

**四、简答题**

1．直流电动机的电枢铁芯为什么要用硅钢片制造？能否用铸钢件代替？

2．简述直流电动机的工作原理。

3．画出他励直流电动机、并励直流电动机、串励直流电动机和复励直流电动机的接线图。

4．简述直流电动机铭牌上的额定数据。

## 五、计算题

1．一台他励直流电动机，其额定功率 $P_N$=25 kW，额定电压 $U_N$=110 V，额定效率 $\eta$=0.85。试求该直流电动机的输入电功率 $P_1$、额定电流 $I_N$ 和额定电枢电流 $I_{aN}$。

2．一台并励直流电动机，其额定功率 $P_N$=25 kW，额定电压 $U_N$=110 V，额定效率 $\eta$=0.85，电枢绕组总电阻 $R_a$=0.04 Ω，励磁绕组总电阻 $R_f$=27.5 Ω。试求该直流电动机的输入电功率 $P_1$、额定电流 $I_N$、额定电枢电流 $I_{aN}$ 和额定励磁电流 $I_{fN}$。

## §6–2　直流电动机的基本性能分析

**一、填空题（将正确答案填写在横线上）**

1．在直流电动机运行时，电枢电动势 $E_a$ 与电枢电流 $I_a$ 方向______，所以称为______________，用来与外加电压相平衡，$E_a$ 的表达式为__________。

2．直流电动机带负载运行时，电枢中的感应电动势所吸收的________，即电枢绕组的______________和____________的乘积，称为电磁功率。

3．对于直流电动机来说，电磁转矩是______转矩，要克服直流电动机__________和____________，才能实现稳态运行，其转矩平衡方程为____________。

4．电磁转矩的大小与______________和____________成正比，还与直流电动机______有关。

5．当直流电动机的电源电压、__________、电枢回路总电阻都等于______时，转速 $n$ 与____________之间的关系曲线称为直流电动机的机械特性。

6．他励直流电动机电枢串电阻时的人为机械特性与固有机械特性相比较，______________保持不变，但机械特性曲线斜率将______，转速降落也随之______，即人为机械特性曲线______随电枢外接电阻的增大而______。

7．他励直流电动机改变电枢电压的人为机械特性曲线是一组与固有机械特性曲线______的直线。

8．串励直流电动机空载时，理想空载转速可达到额定转速的________倍，这是电动机__________所不允许的。因此，串励电动机不允许______或______运行。

9．直流电动机带负载后，______磁场对____磁场的影响称为电枢反应。

10．电枢绕组元件从一条支路经过______转入另一条支路，元件中的电流__________称为换向。

**二、判断题（正确的在括号内打“√”，错误的在括号内打“×”）**

1．无论是直流发电机还是直流电动机，其换向绕组都应与主磁极绕组串联。（　）

2．对直流电动机来说，电磁转矩是驱动转矩。（　）

3．直流电动机空载损耗功率由转动时产生的机械损耗组成。（　）

4．直流电动机电枢回路串电阻时，人为机械特性硬度保持不变。（　）

5．不同牌号的电刷具有不同的接触电阻，选择合适的电刷能改善换向。（　）

6．直流电动机与交流电动机相比，具有优良的调速性能和启动性能。（　）

**三、选择题（将正确答案的代号填写在括号内）**

1．由于电枢反应的作用，使直流电动机合成磁场的物理中性线（　）。

A．与几何中性线保持重叠

B．逆着电枢的旋转方向移过一个 $\beta$ 角

C．顺着电枢的旋转方向移过一个 $\beta$ 角

D．以上都不对

2．对于装置换向极的直流电动机，为了改善换向，应将电刷（　）。

A．放置在几何中心线上　　B．顺转向电枢移动一个任意角度

C．放置在物理中性线上　　D．逆转向电枢移动一个任意角度

3．从机械特性的硬度来看，（　）电动机的机械特性较硬。

A．他励　　B．串励　　C．积复励　　D．差复励

4．一台他励直流电动机，在负载转矩不变时，如果电源电压下降 50%，忽略电枢反应和磁路饱和的影响，此时电动机的转速将（　）。

A．不变　　B．上升　　C．下降　　D．无法判定

**四、简答题**

1．一台他励直流电动机，当电源电压、励磁电流和负载转矩均保持不变时，在电枢回路中串联一个适当的电阻后，电枢电流是否会变化？为什么？

2．一台他励直流电动机在额定负载下运行，如果电源电压因故障而降低了许多，电动机的电磁转矩、转速、电枢反电动势和电枢电流会怎样变化？

3．什么是直流电动机的机械特性、固有机械特性和人为机械特性？画出他励直流电动机三种人为机械特性曲线。

4．当并励直流电动机的负载减小时，其转速、电枢反电动势和电枢电流将如何变化？为什么？

5．为什么串励直流电动机不允许空载启动？

6．当直流电动机的负载转矩和励磁电流不变时，为什么减小电枢端电压会引起电动机转速降低？

7．当直流电动机的负载转矩和电枢端电压不变时，为什么减小励磁电流会引起电动机转速升高？

**五、计算题**

1．一台并励直流电动机，其额定功率 $P_N$=25 kW，额定电压 $U_N$=110 V，额定效率 $\eta$=0.85，电枢绕组总电阻 $R_a$=0.04 Ω，励磁绕组总电阻 $R_f$=27.5 Ω。试求该直流电动机的铜损耗、空载损耗和电枢反电动势。

2．一台他励直流电动机，$P_N$=2.2 kW，$U_N$=$U_{fN}$=110 V，$\eta$=0.8，电枢绕组总电阻 $R_a$=0.4 Ω，励磁绕组总电阻 $R_f$=82.7 Ω。试求该直流电动机的额定电枢电流、额定励磁电流、铜损耗、空载损耗和电枢反电动势。

3．一台并励直流电动机，$P_N$=10 kW，$U_N$=110 V，$n_N$=1 100 r/min，$\eta_N$=0.9，电枢绕组总电阻 $R_a$=0.02 Ω，励磁绕组总电阻 $R_f$=55 Ω。试求该直流电动机的额定电流、额定电枢电流、额定励磁电流、铜损耗、空载损耗、额定转矩和电枢反电动势。

# §6-3 直流电动机的运行

一、填空题（将正确答案填写在横线上）

1. 直流电动机接入电源后，转速从____逐渐上升到__________的过程称为启动过程。

2. 直流电动机启动的基本要求是：有足够的__________，一般为额定转矩的________倍，以便快速启动，缩短__________；启动电流不能过大，要在一定范围内，一般规定启动电流不应超过额定电流的__________倍；启动设备应安全、可靠、经济。

3. 直流电动机通常采用的启动方法有__________________启动和____________启动两种。

4. 改变直流电动机转向的方法有__________反接和__________反接两种。

5. 直流电动机的调速是指在电动机__________不变的条件下，改变直流电动机的________。直流电动机的调速方法有________________调速法、改变__________调速法和改变__________调速法。

6. 直流电动机制动可以分为______制动和电气制动，其中电气制动又可以分为能耗制动、______制动和__________制动。

二、判断题（正确的在括号内打"√"，错误的在括号内打"×"）

1. 直流电动机启动瞬间的电枢反电动势等于零。 （　　）

2. 大容量且频繁启动的直流电动机应采用电枢回路串电阻的启动方法。 （　　）

3. 同时将励磁绕组反接和电枢绕组反接，直流电动机就可以改变旋转方向。 （　　）

4. 直流电动机电枢回路串电阻调速时，转速只能由额定转速往下调。 （　　）

5. 直流电动机改变电枢电压调速，当工作电流为额定电流时，允许的负载转矩不变，属于恒转矩调速。 （　　）

三、选择题（将正确答案的代号填写在括号内）

1. 改变（　　），可以改变直流电动机的转向。

A. 电枢电流的大小　　B. 主磁场的强弱

C. 电枢电流方向或主磁场方向　　D. 以上都不对

2. 直流电动机采用（　　）调速方法，可以实现无级调速，且调速范围大。

A. 改变电枢电压　　B. 电枢回路串电阻

C. 改变励磁磁通　　D. 以上都不对

3. 直流电动机采用能耗制动时，励磁电流产生的磁通是（　　）磁通。

A. 交变　　B. 正弦　　C. 恒定　　D. 脉动

4. 将正常运行的直流电动机电枢电源切断后，在电枢两端并接一只适当的电阻，电动机进入能耗制动运行状态，此时电动机处于（　　）状态。

A. 静止　　B. 电动机　　C. 发电机　　D. 惯性

5．直流电动机在进行电枢反接制动时，应在电枢电路中串入一定的电阻，若所串电阻阻值较小，则制动过程所需要时间（　　）。

A．较长　　B．较短　　C．不变　　D．以上都不对

6．直流电动机反接制动时，若电动机转速接近零，应立即切断电源，防止（　　）。

A．电流过大　　B．电动机过载

C．电源短路　　D．电动机反向启动

四、简答题

1．在直流电动机启动瞬间，启动电流为什么比较大？启动电流大有什么危害？如何限制直流电动机的启动电流？

2．简述直流电动机的反转方法。

3. 改变并励直流电动机的电源极性，电动机能否改变转向？为什么？

4. 简述直流电动机能耗制动的工作原理。

5. 简述直流电动机反接制动的注意事项。

## 五、计算题

1．一台并励直流电动机，$P_N$=12 kW，$U_N$=220 V，$I_N$=64 A，$n_N$=685 r/min，$R_a$=0.296 Ω。试求：

（1）若直接启动，启动电流约为额定电流的几倍？

（2）如果将启动电流限制为 $2.5I_N$，应在电枢绕组串联多大的启动电阻 $R_{st}$？

（3）这时的启动转矩为多少？

2．一台他励直流电动机，$U_N$=220 V，$I_N$=50 A，$n_N$=1 200 r/min，$R_a$=0.5 Ω。若负载转矩和励磁电流保持不变，当电枢电压降低一半时，电动机转速降低多少？

3．一台他励直流电动机，$P_N$=100 kW，$U_N$=220 V，$I_N$=511 A，$n_N$=1 500 r/min，电枢绕组总电阻 $R_a$=0.04 Ω。在电动机负载转矩不变时，试求：

（1）如果将转速由额定转速调至 600 r/min，应在电枢电路内串接多大的电阻？

（2）如果将电枢电压降低至额定电压的 50%，电动机的稳定转速是多少？

（3）如果将电动机主磁通减少 10%，电动机的稳定转速是多少？

## § 6-4　直流电动机的维护

**一、填空题（将正确答案填写在横线上）**

1．直流电动机在使用过程中由于受到周围环境的影响，如______、______、______和____________等，导致使用寿命缩短。

2．直流电动机如使用不当，运行过程中______受到不应有的______等，将使轴承加速磨损，甚至使轴______。

3．直流电动机运行过程中过载将会使直流电动机______造成_________，甚至烧损。

4．根据负载特点正确选择直流电动机的结构形式，一般要求转速恒定的机械采用______直流电动机，起重及运输机械选用______直流电动机。

5．根据负载转速正确选择直流电动机的转速，其原则是使__________与被驱动的_________都在额定转速下运行。

6．直流电动机的清洁工作每月不得少于____次，清洁时应以压缩空气吹净内部的灰尘，特别是________、____________和引线部分。

二、判断题（正确的在括号内打“√”，错误的在括号内打“×”）

1．新安装使用的直流电动机在通电前应检查轴承润滑脂是否洁净、适量，润滑脂占轴承室的1/3为宜。（　）

2．换向器在负载下经长期无火花运转后，在表面产生一层褐色有光泽的坚硬薄膜，这是正常现象，它能保护换向器免遭磨损，不能用砂布摩擦去除。（　）

3．若换向器表面出现粗糙、烧焦等现象，可用“0”号砂布在旋转着的换向器表面进行细致研磨。（　）

4．对运行中的直流电动机进行监视的目的是清除一切不利于直流电动机正常运行的因素，及早发现故障隐患，及时进行处理，以免故障扩大，造成重大损失。（　）

三、选择题（将正确答案的代号填写在括号内）

1．金属石墨电刷具有良好的（　），且载流量大。

A．导电性　　B．绝缘性

C．耐热性　　D．耐磨性

2．直流电动机的电刷因磨损而需更换时，应（　）电刷。

A．选用较原电刷硬一些的　　B．选用较原电刷软一些的

C．选用与原电刷型号相同的　　D．随意选一种

3．直流电动机中电刷的作用是引导电流，在实际应用中应采用（　）电刷。

A．石墨　　B．铜质　　C．银质　　D．铁质

4．换向器表面磨损较多时，或经车削后发现云母片有凸出现象，应用铣刀将云母片铣成（　）的凹槽。

A．1 ~ 1.5 mm　　B．2 ~ 2.5 mm

C．3 ~ 3.5 mm　　D．4 ~ 4.5 mm

四、简答题

1．直流电动机在使用过程中如何对电刷进行检查与维护？

2. 直流电动机在使用过程中如何对轴承进行检查与维护?

3. 造成直流电动机转速不正常的故障原因有哪些?

4. 造成直流电动机温升过高的故障原因有哪些?

# 第七章　三相同步电机

## §7-1　三相同步发电机的基本工作原理

**一、填空题（将正确答案填写在横线上）**

1. 凡转子转速等于__________的交流电机称为同步电机。同步电机按其运行方式不同，可分为____________、__________和______________三种。

2. 三相同步发电机定子也称______，其定子绕组的主要作用是产生对称的______________，给负载输出______________，实现__________的转换。

3. 如果三相同步发电机采用汽轮发电机作为原动机来拖动，转子一般做成______式，励磁绕组采用________绕组。

4. 如果三相同步发电机采用水轮发电机作为原动机来拖动，转子一般做成______式，励磁绕组采用________绕组，套在磁极铁芯上。

**二、简答题**

1. 一台30对磁极的工频同步发电机，其原动机的转速应为多少？可以采用何种原动机拖动？

2. 简述三相同步发电机的基本工作原理。

3．汽轮发电机和水轮发电机在结构上有何不同？

## §7–2　同步发电机的励磁方式和并联运行

**一、填空题（将正确答案填写在横线上）**

1．同步发电机的励磁方式是指__________电流的产生及流进__________的方式。

2．同步发电机采用直流励磁机励磁方式时，其直流励磁机与同步发电机同____相连。

3．同步发电机采用静止整流器励磁方式时，主励磁机的交流输出电流经过__________________整流后，供给__________的励磁绕组。

4．同步发电机采用旋转整流器励磁方式时，主励磁机采用__________式，即主励磁机的电枢与主发电机的励磁绕组________旋转。

**二、简答题**

1．同步发电机有哪些励磁方式？旋转整流器励磁的特点是什么？

2．简述同步发电机并联运行的优点。

3．简述同步发电机并联运行的条件。

## §7–3　同步电动机的工作原理和启动方法

**一、填空题（将正确答案填写在横线上）**

1．同步电动机与三相异步电动机的最大不同之处在于：同步电动机的转速不随________的变化而变化，只有在__________下运行时才能产生电磁转矩，将电能转化为________输出。同步电动机一般做成______式。

2．同步电动机旋转磁场磁极轴线与转子磁极轴线之间的夹角 $\theta$ 只有在__________时，同步电动机才能拖动负载正常工作。而旋转磁场磁极轴线与转子磁极轴线之间的夹角大小与同步电动机所带负载大小有关，负载增大，夹角也______。

3．发生失步现象时，同步电动机的定子电流会__________，应尽快__________，以免损坏电动机。

4．同步电动机一般没有启动转矩，这是由于转子所受到的______________为零。同步电动机的启动方法有________________法、__________法和__________法等。

**二、简答题**

1. 什么是同步电动机的失步现象？简述产生失步现象的原因。

2. 同步电动机为什么不能自行启动？

## § 7-4 同步电动机功率因数的调整和同步补偿机

**一、填空题（将正确答案填写在横线上）**

1. 如果保持同步电动机电源电压和所带负载不变，增大转子励磁电流时，定子绕组上的感应电动势 $E_0$______，功角 $\theta$______，即 $E_0$ 和 $\theta$ 都将随转子励磁电流的变化而______。

2. 同步电动机调节转子励磁电流，使定子相电压 $U$ 与定子相电流 $I$____相位，称为正常励磁电流，这时的运行状态为______励磁状态。当转子励磁电流大于正常励磁电流时，这时的运行状态为____励磁状态，这时的同步电动机呈现______性质，从电源上既吸收______功率，又吸收______功率，可以补偿电网中的__________。

3. 同步补偿机是工作在______状态下______运行的同步电动机，其作用是专门用于吸收______的无功功率，改善电网的功率因数。

## 二、简答题

1．同步电动机的电磁功率与哪两个因素有关？有什么关系？

2．为什么过励磁状态的同步电动机可以提高电路的功率因数？

# 第八章　特种电机

## §8-1　测速发电机

**一、填空题（将正确答案填写在横线上）**

1. 测速发电机是一种检测元件，它的功能是将旋转机械的________转换成__________输出。

2. 测速发电机可分为_____测速发电机和交流测速发电机，而交流测速发电机又可分为_____测速发电机和_____测速发电机。

3. 交流测速发电机由定子和_____两部分组成。定子铁芯中嵌放了两套在空间上互差_____电角度的绕组，其中一个是_____绕组 LL，另一个是_____绕组 LO。

4. 测速发电机具有_____、_____和_____等功能。在恒速控制系统中，作为________元件，构成________环，保证速度恒定，提高系统的稳定性和精度。

5. 测速发电机主要应用于________、________和________三类控制系统。

6. 交流测速发电机输出电压的大小与被测机构_____成正比，输出电压频率取决于________频率，与转速无关。

7. 直流测速发电机的结构与______________相同，由_____、_____和换向器等组成。

**二、判断题（正确的在括号内打"√"，错误的在括号内打"×"）**

1. 改变交流测速发电机的转向，则测速发电机输出电压信号将改变 90° 电角度。（　　）

2. 永磁直流测速发电机工作时，必须加励磁电压。（　　）

3. 当被测机构转速为 0 时，交流测速发电机输出电压一定为 0。（　　）

4. 交流测速发电机上的励磁电源和直流测速电动机一样，都采用直流电压。（　　）

5. 测速发电机在自控系统中作为电源向电子电路供电。（　　）

**三、选择题（将正确答案的代号填写在括号内）**

1. 交流测速发电机的杯形转子是用（　　）材料制成的。

A．高电阻率　　B．低电阻率　　C．高磁导率　　D．低磁导率

2. 交流测速发电机的定子绕组上有两套在空间相差（　　）电角度的绕组。

A．360°　　B．270°　　C．180°　　D．90°

3. 交流测速发电机输出电压的频率与转速（　　）。

A．成正比　　B．成反比　　C．无关　　D．相同

4．直流测速发电机一般为（　　）极。

A．2　　B．3　　C．4　　D．6

5．若被测量机械的转向改变，则交流测速发动机的（　　）。

A．电压大小改变　　B．频率高低改变

C．输出电压相位改变 90°　　D．输出电压相位改变 180°

6．目前较理想的测速发电机是（　　）。

A．空心杯转子式　　B．交流同步式

C．永磁式　　D．电磁式

**四、简答题**

1．简述直流测速发电机的工作原理。

2．简述交流测速发电机的工作原理。

3．什么是工作特性？直流测速发电机和交流测速发电机分别具有怎样的工作特性？

4. 测速发电机的主要功能是什么？按用途不同，对测速发电机的性能分别有什么要求？

## §8-2 伺服电动机

**一、填空题（将正确答案填写在横线上）**

1. 在自动控制系统中，伺服电动机常用作______元件，它具有一种服从控制信号的要求而______的职能。在控制信号到来之前，转子__________；在控制信号到来之后，转子立即______；当控制信号消失后，转子又能迅速__________。所以，伺服电动机的任务是把接收到的电信号转变为电动机的一定______或______。

2. 交流伺服电动机定子铁芯槽中也嵌放了______绕组和控制绕组，它们在空间上相差______电角度，______绕组固定接到交流电源上，控制绕组则施加__________信号。

3. 常用交流伺服电动机的转子结构有____形和________形两种。____形转子与一般异步电动机的鼠笼式转子相似，但形状上有较大区别，其________、__________小，能满足反应灵敏的要求。

4. 交流伺服电动机的控制方法有____________、____________和____________三种。

5. 直流伺服电动机的控制方法有__________和__________两种。直流伺服电动机只有在励磁绕组和电枢绕组中同时有电流流过时才能产生__________，使伺服电动机投入工作；当这两个绕组中任何一个断开信号时，伺服电动机都会停转，不像交流伺服电动机那样有______现象。

**二、判断题（正确的在括号内打“√”，错误的在括号内打“×”）**

1．在自动控制系统中，伺服电动机常作为信号元件来使用。（　）

2．交流伺服电动机采用幅值控制法时，电磁转矩的大小取决于控制电压的大小。（　）

3．交流伺服电动机是靠改变控制绕组所施加电压的大小、相位或同时改变两者来控制其转速的，在多数情况下，它都是工作在两相不对称状态，因而气隙中的合成磁场不是圆形旋转磁场，而是脉动磁场。（　）

4．交流伺服电动机在控制绕组电流作用下转动，如果控制绕组突然断路，则转子不会自行停转。（　）

5．电枢控制是指直流伺服电动机的励磁绕组固定接在直流电源上，电枢绕组作为控制绕组施加控制信号。（　）

**三、选择题（将正确答案的代号填写在括号内）**

1．交流伺服电动机的控制绕组上未施加控制信号时，气隙内的磁场为（　）磁场。

A．永久　　B．旋转　　C．脉动　　D．零

2．直流伺服电动机在自动控制系统中用作（　）元件。

A．放大　　B．测量　　C．执行　　D．限速

3．交流伺服电动机为了克服自转现象，其临界转差率 $S_m$ 应（　）。

A．等于 0　　B．大于 1　　C．等于 1　　D．小于 1

**四、简答题**

1．交流伺服电动机是如何通过改变控制绕组上的控制电压来控制转子转动的？

2. 简述直流伺服电动机的工作原理。

3. 交流伺服电动机的自转现象是指什么？怎样消除自转现象？

## § 8-3 步进电动机

**一、填空题（将正确答案填写在横线上）**

1. 步进电动机又称__________，是数字控制系统中一种重要的______元件，它是将____________变换成____________的执行电动机，其__________与输入电脉冲数成正比，其______与电脉冲的频率成正比。

2. 步进电动机的种类很多，主要有________、________和混合式三大类。

3. 反应式步进电动机的定子磁极为____极式，每个磁极上套有一个__________，在__________的两个磁极上线圈串联组成一相绕组。

4. 在反应式步进电动机“三相单三拍”通电方式中，“三相”是指______________；“单”是指______________________；绕组每__________________为一拍，三相绕组轮流通电__________是“三拍”。

5. 如果按照“A—B—C—A”的顺序不断接通和断开各相绕组，步进电动机是正转，那么，如果按照__________的顺序不断接通和断开各相绕组，则步进电动机就会反转。其绕组通断的______越高，步进电动机的转速越______。

6．步进电动机的转速公式说明，步进电动机转速由________、______和转子齿数 $z_R$ 决定，与________和负载无关，所以步进电动机________能力强。

**二、判断题（正确的在括号内打“√”，错误的在括号内打“×”）**

1．步进电动机的三相绕组上施加的电压是直流电压。（　　）

2．在步进电动机某一相定子绕组上施加一个脉冲信号，其转子就转过一个齿。（　　）

3．每一拍步进电动机转子转过的角度称为步距角。（　　）

4．步进电动机的转速与定子绕组上施加的控制脉冲频率成反比。（　　）

5．改变控制脉冲频率，就可以改变步进电动机转速，实现无级调速，且调速范围较广。（　　）

**三、选择题（将正确答案的代号填写在括号内）**

1．以三相单双六拍通电方式工作的步进电动机，若转子齿数为40，则步距角等于（　　）。

A．3°　　B．1.5°　　C．1°　　D．0.5°

2．三相反应式步进电动机为了获得步进运动，相邻两个磁极下定子、转子齿的相对位置应依次错开（　　）齿距。

A．1/3　　B．1/4　　C．1/5　　D．1/6

3．三相单双六拍“A—AB—B—BC—C—CA—A”运行方式的步进电动机反转的通电顺序是（　　）。

A．AB—B—BC—C—CA—A—AB

B．AB—BC—CA—A—B—C—AB

C．A—AC—C—CB—B—BA—A

D．B—C—A—AB—BC—CA—B

**四、简答题**

1．三相双三拍运行的含义是什么？

2．怎样改变步进电动机的转向？

**五、计算题**

1．一台三相反应式步进电动机的转子齿数 $z_R$=40，采用三相单三拍运行方式，则每一拍转子转过的步距角 $\theta_s$ 是多少？

2．一台三相反应式步进电动机的转子齿数 $z_R$=40，采用三相单三拍运行方式，脉冲电源频率为 500 Hz。试求电动机的步距角 $\theta_s$、电动机的转速 $n$、电动机每秒钟转过的机械角度 $\theta$。

## §8–4 永磁电机

**一、填空题（将正确答案填写在横线上）**

1．普通电机是采用励磁绕组接______，通过__________后产生工作磁场，而永磁电机是利用__________产生电机的工作磁场。

2．在永磁材料的磁场中，永磁电机通过__________实现__________和电机信号的转换。

3．永磁电机的______部分是永磁体，永磁体主要由______和________组成。

4．永磁体的磁钢充磁后才能成为______，铝镍钴应在电动机________后再充磁，或者先单独将磁钢充好磁，再在________状态下装入电动机。

5．永磁同步电动机的转子部分安装____________，有多种转子结构形式，均由永久磁钢和______________两部分组成。

6．永磁直流无刷电动机主要由________________________、________________和驱动电路三部分组成。

## 二、简答题

1．磁钢为什么要进行稳磁处理?

2．简述永磁同步电动机的工作原理。

3．简述永磁直流无刷电动机的工作原理。

# §8-5 直线电动机

**一、填空题（将正确答案填写在横线上）**

1．直线电动机是利用______直接产生__________的电动机。

2．直线电动机按结构可分为________、________和________等。

3．扁平形直线电动机可以看成是由旋转的________________演变而来的。由定子演变而来的一侧称为直线电动机的____级，由转子演变而来的一侧称为直线电动机的______级。

4．直线电动机的次极有两种形式，一种是______结构，另一种是______结构。

5．圆筒形直线电动机一般均为________级、________级形式。

**二、简答题**

1．简述扁平形直线电动机的工作原理。

2．简述直线电动机传动的特点。

# §8-6 超声波电动机

**一、填空题（将正确答案填写在横线上）**

1．超声波电动机是一种驱动装置，与工作原理基于电磁感应定律和电磁力有关公式的传统电动机不同，它是______电动机。它利用______材料的______效应，在______电脉冲的激励下，压电晶体将产生______振动，通过电动机定子与转子之间的______产生转矩，实现电能与机械能的转换。

2．由于激励的电脉冲频率大于______Hz，超过了______，所以称其为超声波电动机。

3．超声波电动机由______、______和______三个基本部分组成。

**二、简答题**

1．简述超声波电动机的基本结构和工作原理。

2．简述超声波电动机的特点。